아두이노와 3D프린터를 이용한 소금쟁이 로봇

김봉환 · 심가현 · 이기학 · 이동수 지음

도서출판 홍릉

아두이노와 3D프린터를 이용한

소금쟁이로봇

인 쇄 : 2021년 6월 14일 초판 1쇄
발 행 : 2021년 6월 24일 초판 1쇄

저 자 : 김봉환 · 심가현 · 이기학 · 이동수
발행인 : 송 준
발행처 : 도서출판 홍릉
주 소 : 01093 서울시 강북구 인수봉로 50길 10
등 록 : 1976년 10월 21일 제5-66호

전 화 : 02-999-2274~5, 903-7037
팩 스 : 02-905-6729
e-mail : hongpub@hongpub.co.kr
http://www.hongpub.co.kr
ISBN : 979-11-5600-867-5(93000)

정 가 : 17,000원

아두이노와 3D프린터를 이용한

소금쟁이 로봇

저자소개

김봉환

현) 대구가톨릭대학교 전자전기공학부 교수
현) 경북경산산학융합원장
서울대학교 전기컴퓨터공학부 박사

심가현

현) 솔루엠 사원
대구가톨릭대학교 전자공학과 석사

이기학

전) 만도기계중앙연구소 선임연구원
인하대학교 기계공학과 학사

이동수

현) 대구가톨릭대학교 전자전기공학부 강사
전) OCI(주) 상해지역본부 폴리실리콘 영업 법인장
대구가톨릭대학교 전자공학과 박사
연세대학교 경영학 석사

차례

CHAPTER 01 바이오미믹이란 1

CHAPTER 02 물위를 걷는 소금쟁이 7

CHAPTER 03 소금쟁이 신체 구조 및 동작 이해 11

CHAPTER 04 3D 프린터를 이용한 소금쟁이 로봇 몸체 만들기 15

4.1 소금쟁이 로봇 몸체 설계 및 구조 ···· 15
4.2 3D 프린터를 이용한 소금쟁이 로봇 몸체 제작 ···· 19
4-2-1. 3D 프린팅 ···· 19
4-2-2. Cura 설치 및 설정 ···· 21
4-2-3. 소금쟁이 로봇 구성 부품 출력하기 ···· 32

CHAPTER 05 물위를 움직이는 소금쟁이 로봇 제작하기 39

5.1 소금쟁이 로봇 제작에 필요한 부품 확인하기 ···· 39
5.2 소금쟁이 로봇 몸체 조립하기 ···· 42
5.3 구동 및 제어를 위한 부품 장착하기 ···· 44

CHAPTER 06 소금쟁이 로봇 코딩하기 49

6.1 제어를 위한 마이크로컨트롤러 ········ 49
6.2 프로그램 제작을 위한 개발툴 ········ 53
6.3 아두이노 프로그래밍을 위한 C언어 핵심정리 ········ 58
6.4 간단한 소금쟁이 로봇 구동 프로그램 코딩 해보기 ········ 76
6.5 아두이노와 시리얼 통신을 위한 프로그램 코딩하기 ········ 89

CHAPTER 07 원격으로 소금쟁이 로봇 움직여 보기 97

7.1 소금쟁이 로봇 구동을 위한 모터 드라이버 살펴보기 ········ 97
7.2 소금쟁이 로봇 구동을 위한 프로그램 코딩하기 ········ 101
7.3 원격 제어 앱 ········ 113
7.4 앱인벤터(App Inventor)에 대한 간략 소개 ········ 116
7.5 앱인벤터로 소금쟁이 로봇 무선 제어 앱 만들기 ········ 126

CHAPTER 08 앱을 이용하여 소금쟁이 로봇 속도 제어 하기 161

8.1 앱인벤터 코딩하기 ········ 161
8.2 아두이노 코딩하기 ········ 165

CHAPTER 09 소금쟁이 로봇의 활용 – 온습도 센서를 장착하여 주변 환경 모니터링 하기 171

9.1 DHT 11 온습도 센서의 이해 ········ 171
9.2 아두이노를 이용하여 센서값 읽기 ········ 173
9.3 안드로이드 스마트폰에서 센서값 읽기 ········ 180

CHAPTER 01

바이오미믹이란

생체모방(biomimetics, biomimicry)은 생명체가 가진 특성들을 모방하는 것으로 생명체 'Bio'와 모방 'Mimesis'가 결합된 것이다. 이러한 생체 모방 연구에는 2가지 분야가 있으며, 기계적인 메커니즘의 형태와 동작원리를 모방하는 분야와 생명체가 가진 지능을 연구하는 분야의 2가지 흐름이 있다.

생체 모방 기술은 자연계에 존재하는 수십억 년의 진화를 거쳐 최적화 되어 있는 생물의 특징을 연구하여 생물의 구조적 특징이나 생물의 작동 원리 등을 인간에게 유용한 기술로 발전시키기 위한 공학적인 연구 과정이라고 할 수 있다. 즉, 자연을 연구하고 생물의 진화와 생존 방법에 대한 연구를 통해 현대 기술이 해결하지 못한 과제들의 해결 방법을 찾고 발전시키는, 모방이 아닌 창조적인 결과물을 만들어내는 것이라고 할 수 있다.

주변에서 쉽게 접할 수 있는 생체 모방 사례를 보면,

벨크로(Velcro)

스위스의 조르주드매스트랄(George de Mestral)이 도꼬마리씨를 모방하여 옷, 신발 등에 광범위하게 사용되고 있는 벨크로(Velcro)를 가장 먼저 들 수 있다.

다음 그림 1-1은 우리 주변(의류, 가방)에서 많이 사용되는 일명 '찍찍이'라고 하는 제품으로 정식 상품명은 벨크로(Velcro)라고 한다. 벨크로는 자연을 관찰해 얻은 아이디어에 과학 기술을 접목시켜 혁신적인 제품을 만드는 "생체모방기술"의 첫 번째 산업화 성공 사례로 꼽힌다.

그림 1-1 벨크로

1941년 어느 날, 스위스의 전기기술자 조르주드매스트랄(George de Mestral)은 사냥개를 데리고 산에서 사냥을 하고 집으로 돌아와서 보니 자신의 옷과 사냥개의 털에 잔뜩 묻어 있는 도꼬마리 열매(그림 1-2)를 발견한다. 그것을 일일이 손으로 떼어내던 조르주는 문득 궁금증이 생겼다. "도대체 어떤 원리로 도꼬마리 열매는 바지에서 잘 떨어지지 않고 붙는 걸까?" 조르주는 도꼬마리를 연구실로 가져가 현미경으로 관찰하는 도꼬마리 열매가 조그만 갈고리로 되어있다는 것을 알게 되었으며, 그러한 도꼬마리의 갈고리 구조가 자신의 옷의 섬유와 결합하여 떨어지지 않는다는 것에 착안하여 한쪽 면에는 도꼬마리처럼 갈고리를 다른 한편에는 올가미 형태가 있는 여밈 장치를 개발하여 1951년 특허를 출원하고 회사를 설립하여 제품을 출시하였다.

그림 1-2 도꼬마리의 갈고리 구조

현재 우리가 일상적으로 쓰는 '찍찍이'는 이처럼 자연 식물의 구조를 관찰하고 공학적인 기술과 결합하여 상품화하게 된 생체 모방의 좋은 본보기라고 할 수 있다.

상어의 비늘 구조를 모방한 전신수영복

상어의 피부를 현미경으로 그림 1-3처럼 확대해 보면 리블렛(riblet)이라고 불리는 길비뼈 모양의 미세돌기가 돋아나 있는 것을 볼 수 있다. 이 리블렛의 크기는 10~100㎛밖에 되지 않기 때문에 손으로 만지면 사포같은 거칠거칠한 촉감만 느껴지는데, 과학자들은 연구 과정을 통해, 상어가 수영할 때 이 미세돌기가 물의 마찰 저항을 감소시킨다는 사실을 알아냈다. 이 미세돌기는 물과 충돌하면서 작은 소용돌이를 만들게 되는데 이 소용돌이가 상어의 피부 표면에 붙어 흘러가는 큰 물줄기를 막아주는 코팅제 역할을 하여 표면 마찰력을 줄여주기 때문이다. 연구 결과에 따르면 최대 8%까지 마찰 저항을 줄여 상어가 더 빠른 속력으로 이동할 수 있도록 한다고 한다.

그림 1-3 상어의 비늘 구조

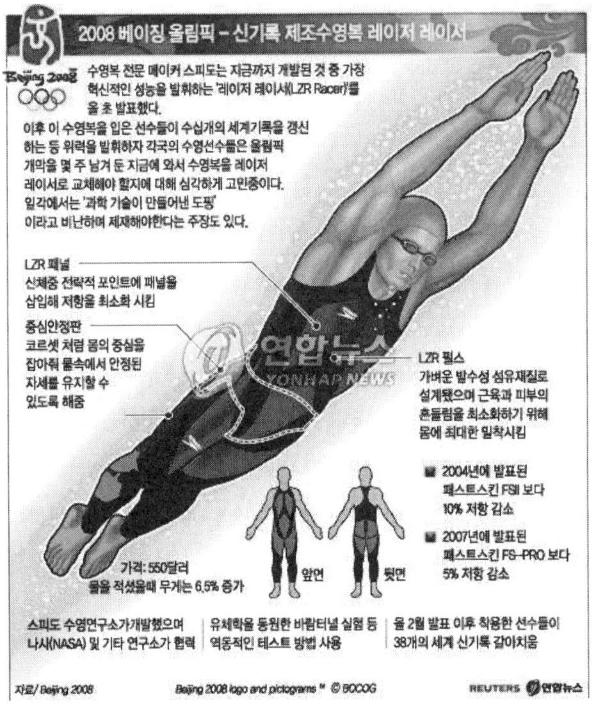

그림 1-4 상어 비늘 구조를 모방한 전신 수영복

2008년 베이징 올림픽에서 상어의 리블렛을 응용한 전신 수영복(그림 1-4)을 착용한 선수들이 세계신기록을 수립하는 사건이 발생하게 되고, 2010년에는 전신수영복이 '기술적 도핑'이란 논란을 일으키게 되자, 급기야 국제수영연맹은 이 수영복의 착용을 금지시키는 조치를 취하게 되었다. 현재 이러한 상어의 생체모형은 전신 수영복, 자동차 타이어, 항공기 등 다양한 분야에서 활용되고 있다

그림 1-5 꿀벌

그림 1-6 Robobee

꿀벌(그림 1-5)의 생물학적인 형상에서 영감을 얻어 미국 하버드 대학(Harvard University)에서는 2000년대 초부터 농업 또는 재난 구조에 역할을 부여하면서 연구를 진행한 생체모방 로봇인 'Robobee(그림 1-6)'는 2007년 최초로 비행에 성공하였다. 최근에는 수중과 공중을 자유로이 비행하는 바다 오리의 생태학적 특징을 추가하여 물속과 하늘을 자유로이 비행할 수 있도록 기능이 개선되었으며, 자율 비행 및 그룹의 조율된 행동을 달성할 수 있도록 하기 위한 연구가 계속 진행되고 있다.

이러한 생체모방 로봇의 연구는 최근의 MEMS/NEMS[1] 기술을 기반으로 한 "스마트 센서 기술과 제어 기술의 발달"에 기인하여 가장 활발히 연구가 진행되고 있는 분야라고 할 수 있다.

생체 모방 기술은 현재 빠르게 발전하고 있는 나노과학기술과 함께 국내 / 외에서 지속적인 실험과 연구가 진행 중이다. 생체 모방 기술의 궁극적인 목표는 다양한 환경에 적응하는 인간처럼 여러 환경에 적응 가능한 로봇을 개발하는 것이지만, 현재는 최적화된 움직임을 모방하는 데에 중점을 두고 있다.

---

1) MEMS/NEMS란 미세전자기계시스템(Micro/Nano Electro Mechanical Systems)을 말하는데 마이크로나노기술을 이용해서 제작되는 아주 작은 기계적인 시스템을 말한다. 주로 반도체 제조기술을 이용하여 실리콘 기판 위에 아주 미세한 차원의 구조물을 형성하는 기술을 의미한다.

CHAPTER 02

물 위를 걷는 소금쟁이

본 책에서 다룰 소금쟁이(water strider)도 현재 세계적으로 활발히 연구되고 있는 생체모방 대상 생물 중의 하나이다. 왜 많은 과학자들이 이 작은 수생 곤충에 관심을 갖고 연구를 하는 것일까?

아마도 다음과 같은 이유이지 않을까?

과학 기술의 발전에 의해 인간은 하늘을 날 수 있는 비행기를 개발하였고, 바다 속을 장시간 수영할 수 있는 호흡 장치를 개발하였다. 하지만 현대 과학이 발전하여도 인간이 오랫동안 상상하고 갈망했던 물위를 걷는 기적은 현실로 나타나지 않고 있기 때문이 아닐까? 아니면 물위를 걷는 기적을 언젠가는 실현하기 위하여….

이 소금쟁이란 곤충은 공학적으로는 표면 장력, 중력, 무게 중심 등 여러 가지 현상에 대한 설명하는데 좋은 예시가 되는 대상체라고 볼 수 있다.

중력이 작용하는 지구상에서 소금쟁이는 물표면에 떠서 물속으로 가라앉지 않고 물위를 자유자재로 이동 할 수 있다. 이러한 이유에는 소금쟁이 다리가 가지고 있는 사람 머리카락만한 수 마이크로 크기의 무수한 잔털과 그 잔털이 가지고 있는 초소수성 성질 때문이다. 물을 극도로 싫어하는 초소수성 성질과 무수한 잔털이 만들어 내는 공기층은 표면장력을 크게 증가시킨다. 실제 실험으로 소금쟁이 다리 하나는 자기 몸무게의 15배를 지지 할 수 있다는 것이 밝혀졌다. 소금쟁이가 수면에서 앞으로 나아가는 원리는 6개의 다리 중 4개의 구동 다리가 노를 저어 가는 방식이다. 자신의 몸을 지탱하며 물위를 유영하거나 도약하는 현상을 통해 무게 중심과 반발력을 설명할 수 있다.

그래서 많은 공학도들이 이러한 현상을 실험적 방법과 수학적으로 방법으로 접근하여 분석 하려는 시도가 세계 여러 연구 기관에서 이루어지고 있다.

현재 여러 연구기관에서 진행하고 있는 소금쟁이 관련 최근 연구 내용을 간단히 소개하면,

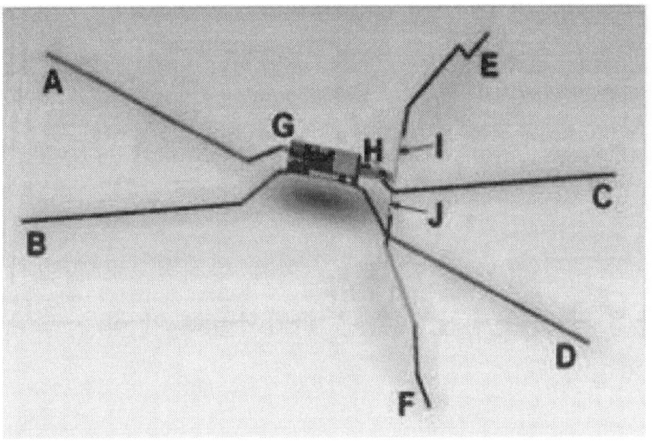

그림 2-1 생물학적 형상을 모방한 소금쟁이 로봇모형

그림 2-1 로봇은 미국 카네기멜론 대학(Carnegie Mellon University)에서 2005년에 발표한 소금쟁이 로봇으로 중량 0.67g이며, 가벼운 탄소 와이어와 'T' 형상의 압전 구동기(Piezoelectric actuator)를 유선으로 연결하여 표면에서 2.3cm/s 속도로 유영하는데 성공하였다.

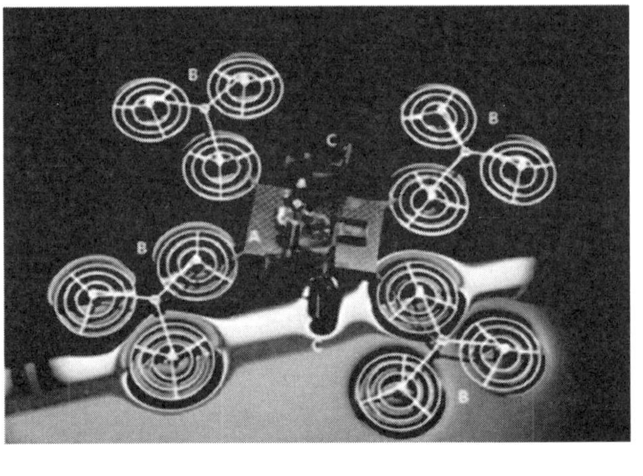

그림 2-2 원형 발판을 가진 소금쟁이 로봇 모형

그림 2-2는 같은 대학에서 2014년에 발표한 소금쟁이 로봇으로 중량 21.75g이고, 71.5mm/s의 속도로 물위를 유영하는데 성공하였다. 이 로봇에는 마이크로컨트롤러(MCU)와 모터드라이브가 장착되어 있어, 적외선 원격 조정기를 이용하여 무선으로 속도 제어가 가능하게 설계되었다. 이 소금쟁이 로봇은 센서를 탑재하기 위한 더 큰 지지력과 안정성을 확보하기 위하여 다리를 원형패드 형태로 설계한 것이 특징이다.

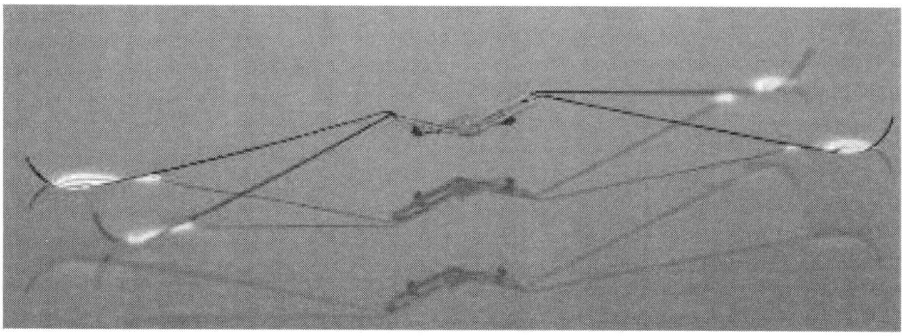

그림 2-3 두 쌍의 다리를 이용하여 이동이 가능한 소금쟁이 로봇

한국 서울대학교(Seoul National University)에서는 2015년에 그림 2-3과 같은 수면에서 점프가 가능한 소금쟁이 로봇을 발표하였다. 이것은 소금쟁이 로봇이 수면에서 점프할 때 표면장력을 최대한 이용하는 방식을 응용한 것이다.

로봇의 몸체 길이는 2cm, 다리 길이는 3-5cm, 무게는 약 55mg이며 1.5m/s의 이륙 속도로 수면 위로 점프가 가능하다.

이러한 소형 로봇은 재해나 오염지역, 전장에서 대량으로 흩어져 감시, 정찰, 수색 등의 목적에 응용할 수 있을 것으로 기대된다. 이상에서 우리는 생체 모방에 대한 간단한 소개와 현재 여러 나라에서 진행되고 있는 생체 모방 로봇의 연구동향에 대해 알아보았다.

다음 장에서는 이 책의 핵심 내용인 무선 제어 소금쟁이 로봇의 구조 설계, 제어기 선정 및 제어 프로그램 작성을 직접 해 봄으로써 생체 모방 과학이 무엇이며 이러한 기술을 통해 우리의 주변에 어떻게 적용해 볼 것인가를 배우는 과정을 진행할 것이다.

CHAPTER 03

소금쟁이의 몸체 구조 및 동작 이해

봄부터 가을까지 물가 주변에 가면 흔히 관찰할 수 있는 곤충 중의 하나가 그림 3-1과 같은 소금쟁이이다. 소금쟁이 몸은 긴 반달 모양이고 머리는 튀어나와 있으며 겹눈은 크고 반구 모양을 하고 있다. 다리는 총 6개로서 앞다리는 다른 다리에 비해 상당히 짧아서 더듬이로 착각하는 경우가 종종 있다. 물위에서의 이동은 가운데 다리의 미는 힘으로 물위를 성큼성큼 걸어 다닐 수 있으며, 뒷다리는 방향을 바꿀 때 사용된다. 소금쟁이의 무게는 약 20mg, 몸체 길이는 약 10-20mm이며 속도는 약 1.5m/s이다.

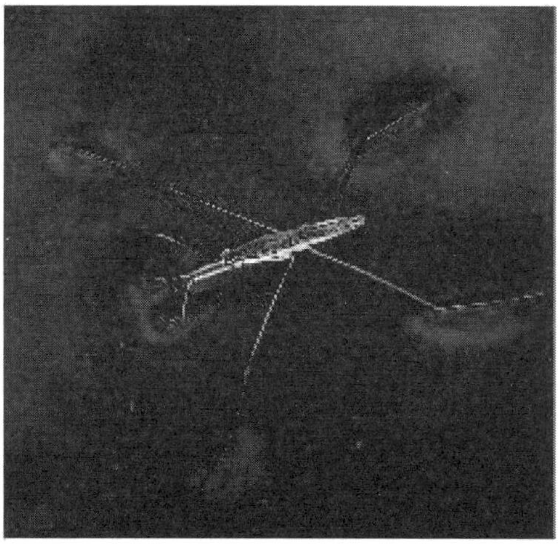

그림 3-1 소금쟁이 곤충

* 날개를 가지고 있으나 몸에 비해 날개의 크기가 작아 먼 거리의 비행은 불가능하지만 짧은 거리의 비행은 가능하다고 한다.

그림 3-2는 소금쟁이 다리 구조를 주사전자현미경(SEM, scanning electron microscope)으로 촬영한 모습이며 그림 왼쪽은 5,000배, 오른쪽은 20,000배 확대를 한 사진이다. 사진을 보면, 다리 표면에 무수한 잔털을 확인할 수 있으며 잔털은 20°의 각도로 무수히 많이 달려 있고 길이는 약 20-70㎛, 직경은 3㎛부터 몇 백나노미터까지이다.

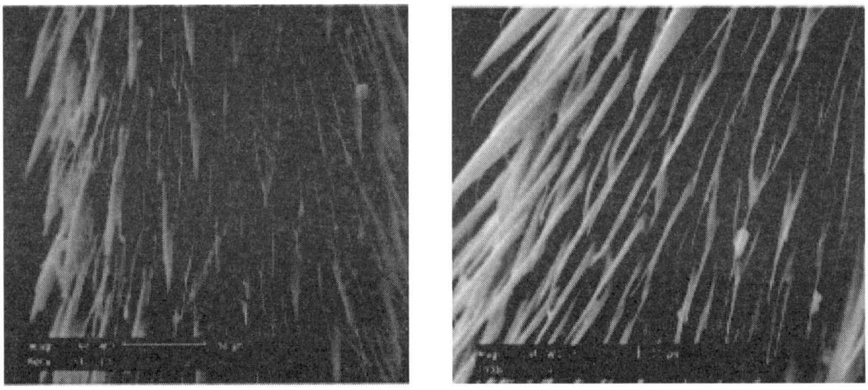

그림 3-2 주사전자현미경으로 확대한 소금쟁이 다리

잔털들은 복잡한 나노 굵기를 가진 나선형 구조로 이루어져 있어 액체와 접촉 시, 고체와 기체가 스며들지 못하는 형태를 만들게 되고 같은 방향으로 배열된 나노 굵기의 잔털은 나선형의 파인 홈 속에 주변 공기를 흡착하게 해 공기 박막을 형성한다. 잔털의 독특한 구조와 기름 성분이 물과의 반발 작용을 일으키는 초소수성 성질을 만들어 낸다.

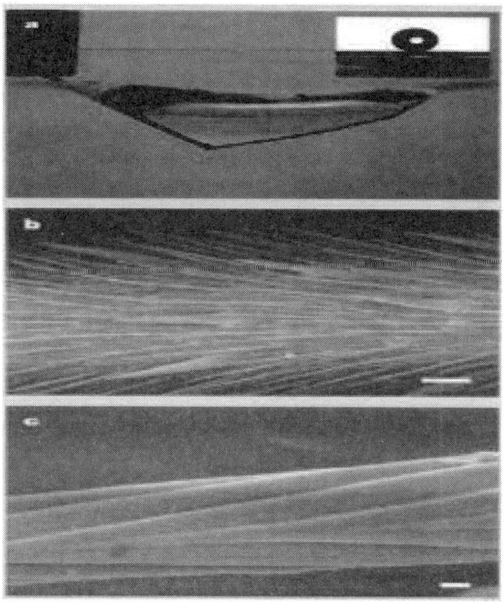

그림 3-3 현미경으로 확대한 소금쟁이 다리와 수면의 접촉 형태

이러한 소금쟁이의 성질 때문에 소금쟁이는 물에 빠지지 않고 물위를 자유롭게 미끄러져 다닐 수 있다고 한다. 이러한 생물학적인 특징은 공학적으로 표면 장력을 설명할 수 있는 가장 대표적인 예시로 사용되고 있다.

소금쟁이의 발이 물에 닿는 모습을 관찰해보면, 그림 3-3과 같이 물이 오목하게 들어가 있는 것을 볼 수 있다. 즉, 물의 표면적이 넓어졌기 때문에 물의 표면은 소금쟁이의 발을 밀어 올려 표면적을 줄이려는 반발력을 작용하는데 이러한 물의 반발력이 소금쟁이가 물에 뜰 수 있게 하는 역할을 한다.

만약 물의 표면 장력보다 소금쟁이의 무게가 무거우면 중력으로 인해 물의 표면 장력보다 큰 힘이 작용하게 되어 소금쟁이는 물속으로 가라앉을 것이다. 하지만 소금쟁이의 무게가 약 20mg 밖에 되지를 않고, 위에서 언급한 것처럼 다리의 표면에 있는 무수한 잔털과 잔털이 가지고 있는 초소수성 성질로 인해 생기는 공기 방울이 부력으로 작용하며, 소금쟁이의 긴 4개의 다리가 몸의 중심을 정확히 유지함으로써 절대로 물에 빠지는 일은 발생하지 않는다.

아마도 소금쟁이는 이렇게 물위에서 수생할 수 있도록 자신의 몸을 최적으로 진화시켜서 현재까지 생존할 수 있었던 것 같다.

앞으로 이러한 소금쟁이의 생물학적인 특징을 모방한 물에 빠지지 않고 물위를 자유로이 이동하는 제어용 로봇을 만들어 봄으로써 생체 모방이 무엇이며, 이러한 기술을 이용하여 우리의 삶에 어떠한 도움을 가져올 수 있는지 배우는 기회가 되었으면 한다.

이 책에서는 소금쟁이의 몸을 3D 기법으로 설계하여 형상화한 후 3D 프린터를 이용하여 제작하는 간단한 기계 설계 과정과 제작된 부품을 조립하여 작동시키는 마이크로컨트롤러 프로그램을 만드는 프로그래밍 및 스마트폰을 이용한 원격제어 앱을 제작하는 과정을 단계적으로 진행하려고 한다.

완성된 소금쟁이는 블루투스를 이용해 원격제어가 가능하며 펄스폭변조(Pulse Width Modulation, PWM) 방식에 의해 전진, 후진, 좌, 우 조정이 가능하다.

CHAPTER 04

3D 프린터를 이용한 소금쟁이 로봇 몸체 만들기

4.1 소금쟁이 로봇 몸체 설계 및 구조

소금쟁이 로봇을 제작하기 위해서는 그림 4-1과 같이 몸체, 배터리 지지판, 다리 그리고 구동 프로펠러 등의 부품이 필요하다.

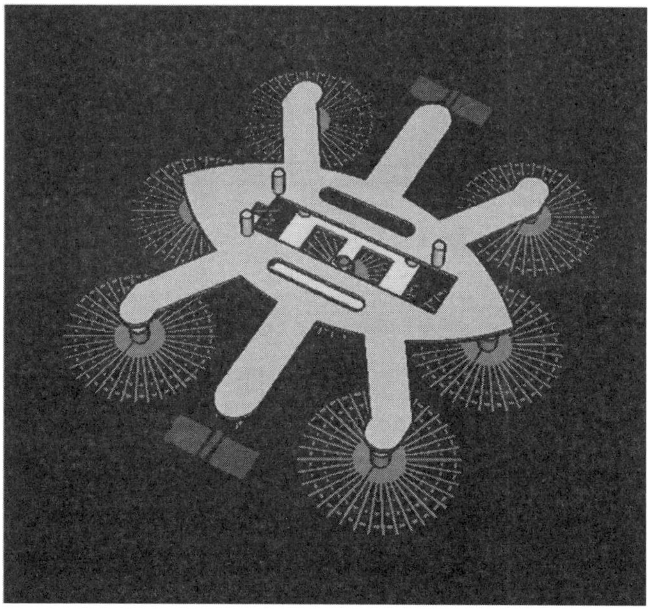

그림 4-1 소금쟁이 로봇 모델링

소금쟁이 로봇의 몸체는 소금쟁이 곤충이 물 위에 떠있는 모습을 형상화하였으며, 실제 소금쟁이의 타원형 구조를 모방하여 설계하였다. 몸체는 탑재될 제어보드의 크기에 맞추어 가로와 세로 길이를 정한 후 몸체의 모양을 설계하였고, 그림 4-1과 같이 구동 프로펠러를 장착하기 위한 홀더는 몸체에 일체형으로 설계하였다. 소금쟁이 로봇에 탑재될 센서들은 그림 4-2의 몸체 상면에 있는 3개의 원기둥에 고정되어 무게중심을 몸체 중앙에 위치하도록 설계하였다. 몸체의 크기는 가로 × 세로 × 두께가 80mm × 85mm × 1.8mm이다.

소금쟁이 곤충은 6개의 다리를 가지고 있지만, 우리가 제작할 소금쟁이 로봇의 다리는 앞뒤 대칭형의 3쌍의 다리와 중심을 유지하기 위한 하나의 다리를 포함하여 총 7개의 다리를 갖도록 설계하였다.

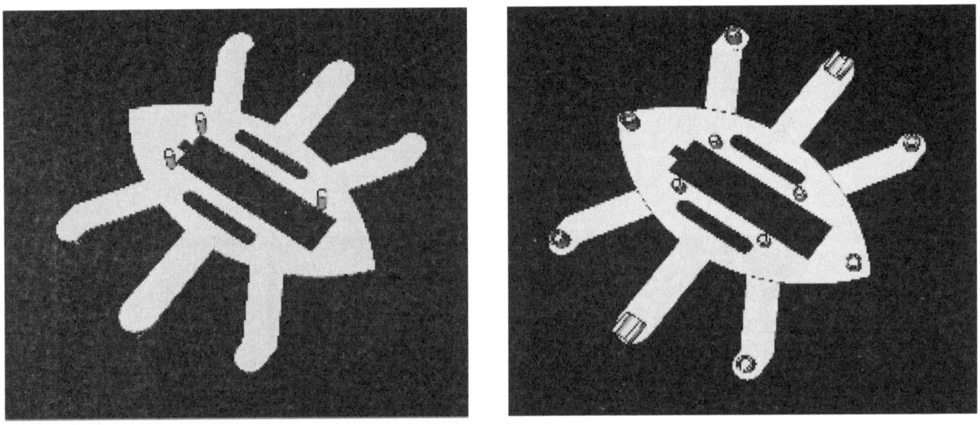

그림 4-2 소금쟁이 로봇의 몸체

그림 4-3과 4-4는 소금쟁이 로봇의 다리 형상을 보여 주고 있는데, 소금쟁이의 특징인 표면 장력을 극대화하기 위해 코일형의 다리를 설계하였다. 소금쟁이가 수면과 접촉할 때, 표면적을 극대화하는 형상을 구현하기 위하여 코일형으로 다리를 설계하였다. 즉, 코일형의 다리는 인접한 다른 다리들의 간섭을 받지 않으면서 그 길이를 최대로 할 수 있어 가장 큰 표면적을 가질 수 있게 해준다. 또한 소금쟁이 다리에 있는 무수한 잔털을 공학적으로 재현하기 위해 방사상의 보강재를 10° 간격으로 36개 추가하였다.

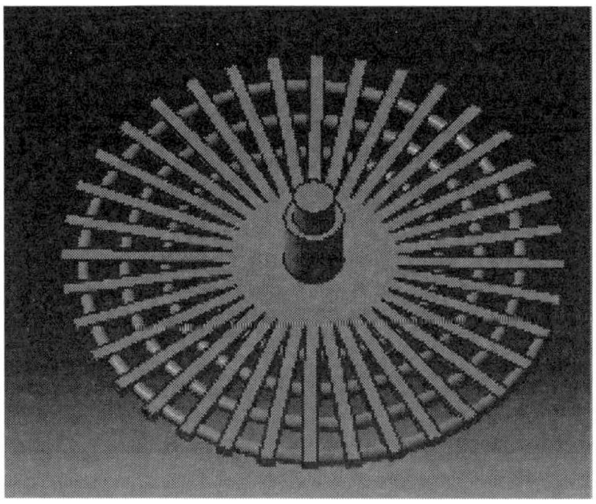

그림 4-3 소금쟁이 로봇의 다리(정면부)

그림 4-4의 검은색 타원으로 표시된 부분을 보면, 표면적을 높이기 위해 코일의 단면이 방사상으로 뻗어 있는 짧은 직선 다리들에 비해 일정한 높이만큼 돌출되게 설계하였다. 다리의 사이즈는 지름×두께가 34mm×1mm 이며, 다리 하나의 겉넓이는 1,910mm^{2}이다.

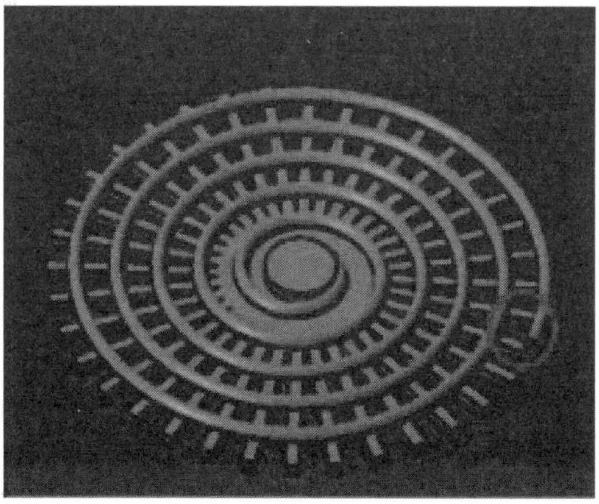

그림 4-4 소금쟁이 로봇 다리(후면부)

그림 4-5의 배터리 지지판은 배터리를 탑재하기 위한 공간이며, 그 중앙에 무게중심을 위한 하나의 다리가 압입방식으로 결합될 수 있도록 설계하였다. 배터리 지지판의 크기는 가로×세로×두께가 20mm×32mm×1mm 이다.

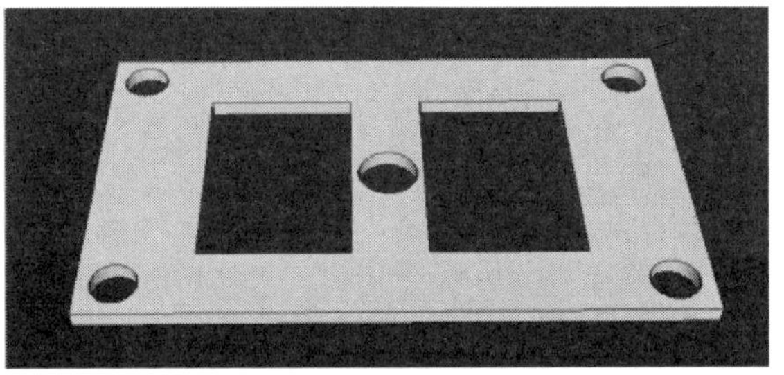

그림 4-5 배터리 지지판

그림 4-6의 구동 프로펠러는 곡선 단면 구조로 프로펠러가 물에 유입될 때의 접촉 저항을 최소화하면서 최대의 구동력을 갖도록 설계하였다. 중앙 다리 양쪽에 부착될 프로펠러 크기는 가로 × 세로 × 두께가 2.7mm × 20.6mm × 8.2mm 이다.

그림 4-6 구동 프로펠러

소금쟁이 로봇의 설계는 조립의 간편함을 위해 압입형식으로 설계하여 그림 4-7처럼 서로 끼워 넣는 방식으로 조립이 가능하다. 몸체 하면의 원통 단차와 배터리 지지판의 구멍이 압입방식으로 밀착됨으로써 그 사이에 배터리를 탑재할 수 있다. 몸체 하면의 구멍과 다리의 단차들 또한 압입방식으로 밀착됨으로써 다리가 정확히 수평을 유지할 수 있도록 설계하였다. 탑재될 센서 배터리 몸체의 무게가 가지는 무게중심도 고려하여, 가로 세로 두께가 109.8mm × 108.9mm × 17mm의 크기를 가지는 소형의 생체모방 로봇으로 설계하였다.

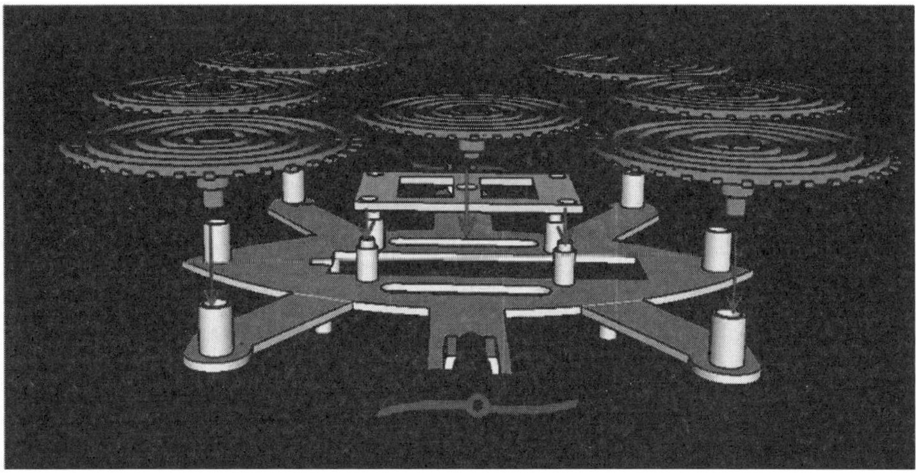

그림 4-7 소금쟁이 로봇 조립도

이처럼 소금쟁이 로봇의 몸체 구조 설계에서 가장 중요한 것은 물의 표면 장력을 극대화하기 위하여, 수면과 거기에 접촉하는 다리의 접촉 표면적을 최대화 하는 것이다. 이렇게 함으로써 단위 면적당 지지력을 가장 크게 할 수 있게 되어 몸체 위에 장착되는 제어기 배터리 등의 선정에 어려움을 줄일 수 있다. 현재 시판되는 제어기, 배터리의 중량 및 크기를 고려하였을 때, 이 소금쟁이 로봇 몸체의 설계 내용은 최적화 설계가 되었다고 생각한다.

하지만 여러분이 이 책을 가지고 소금쟁이를 연구하는 과정 중에 보다 진전된 제어기와 배터리가 개발된다면 여러분 스스로 보다 최적화된 소금쟁이의 몸체를 설계할 수도 있을 것으로 기대한다.

4.2 3D 프린터를 이용한 소금쟁이 로봇 몸체 제작

4-2-1. 3D 프린팅

앞 단원에서는 우리가 제작할 소금쟁이 로봇의 설계 및 구조에 대해 간단히 설명하였다. 앞에서 설계한 소금쟁이 로봇 몸체를 제작하기 위한 3D 파일은 다음의 이메일 주소로 요청 메일을 보내주면 3D 프린터로 바로 출력이 가능한 실행 파일을 제공받을 수 있다.

이메일 주소 : bhkim@cu.ac.kr

앞 장에서 소금쟁이 로봇의 3D 설계에 사용된 프로그램은 일반적으로 많이 사용되는 Sketchup 프로그램을 이용하였으나, 여기서는 3D 설계 프로그램 사용법에 대한 설명은 생략하기로 한다. 3D 설계 프로그램에 대한 부분은 별도의 교재나 인터넷에서 자료를 구하여 공부하면 많은 도움이 되리라 생각하며, 특히 Sketchup이나 Autocad Fusion 360과 같은 3D 소프트웨어는 개인 사용자에게 무료로 사용이 가능하도록 되어 있다.

여기서는 다운로드 받은 3D 파일 (3D 프린터 출력이 가능한 STL 형식의 파일)을 이용하여 3D 프린터에서 소금쟁이 로봇의 몸체를 제작하는 과정에 대해 설명할 것이다.

1980년대 후반 최초의 상용 3D 프린터가 출시된 이후, 지속적으로 기술이 발전 되어 요즘에는 정밀전자소재, 항공우주소재, 개인 맞춤형 생체/바이오 소재 등의 분야에서 시제품 제작용으로 많이 사용되고 있다. 3D 프린팅 제작은 반복적으로 얇은 두께의 층을 적층해서(쌓아서) 원하는 형상을 출력하기 때문에 현재 발표되고 있는 수 mm ~수십 m 크기의 벌크 시제품을 넘어 수십 마이크로미터에서 나노 스케일의 복잡하고 정밀한 부품 제작이 가능하다. 3D 프린터는 신속 조형하는 기술을 의미하는 RP(Rapid Prototyping)에서 유래되었고 공식적인 기술 용어는 적층 가공(Additive Manufactu ring)이다. AM(Additive Manufacturing)은 부품이 완성 될 때까지 부품을 한 층씩 구성하여 가상 3D 컴퓨터 모델에서 물리적 부품을 만들 수 있는 기술이다. 이 기술은 단일 기술이나 보편적인 기술이 아니며, 다양한 재료를 처리 하기 위한 50가지가 넘는 기술이 있다.

3D 출력을 위해서 우리는 3D 프린터를 이용하게 되는데 이 3D 프린터에도 여러 가지 방식이 있다. 우리가 사용하는 3D 프린터는 가장 범용적으로 사용되는 FDM(Fused Deposition Modeling)방식의 3D 프린터이다

FDM(Fused Deposition Modeling) 방식

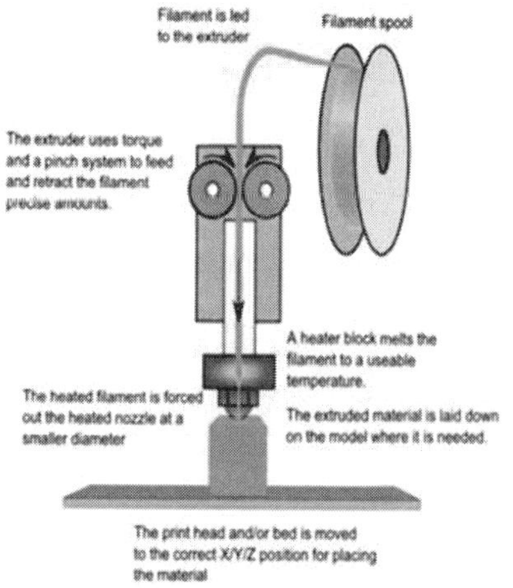

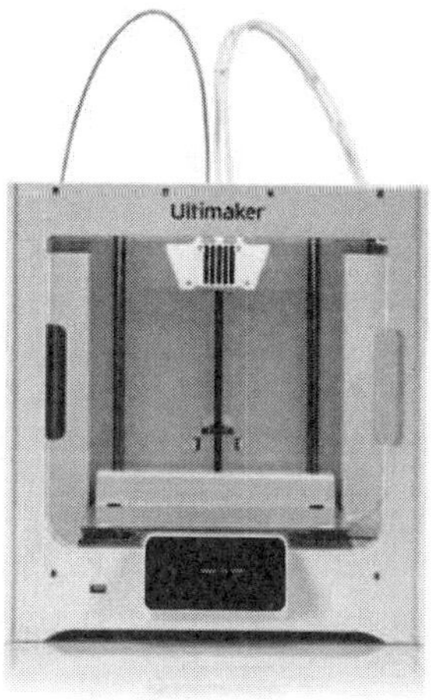

그림 4-8 FDM 방식과 FDM 방식을 사용한 3D 프린터

이 방식은 필라멘트 타입의 재료를 용융헤드를 통해 분출시켜 보통 0.25mm 두께로 적층하는 방식으로 그림 4-8과 같이 간단한 구조를 가지고 있다. 헤드가 X, Y축으로 이동하고 수평판(plate)은 Z축으로 내려가면서 제품이 적층 되며, 상업용 제품의 제작에는 일반적으로 ABS(Acrylonitrile Butadience Styrene)가 원료로 사용된다. 개인용 3D 프린터에는 용융점이 낮은 PLA(Poly Latic Acid)가 원료로 많이 사용되고 있다. FDM 방식의 주요 장점은 후가공이 필요 없고, 경화 과정을 거치지 않아도 돼 비용면에서 효율적인 공정이 이루어질 수 있다는 것이다.

4-2-2. Cura 설치 및 설정

3D 프린팅을 하기 위해서는 우선적으로 3D 프린터와 3D 프린터를 작동하기 위한 Slice 프로그램이 필요하다. 대부분의 Slice 프로그램은 무료로 제공되며, 여기서는 Slice 프로그램 중 가장 일반적으로 사용되는 Ultimaker사의 Slice 프로그램인 Cura를 이용한 소금쟁이 출력에 대해서 설명을 한다.

첫째, Slice 프로그램인 Cura는 아래의 웹사이트에서 다운로드하여 설치하면 된다.

웹사이트 : http://ultimaker.com/ko/software/ultimaker-cura

❶ 사이트 접속 ➜ 무료 다운로드 선택 ➜ 운영체제 선택

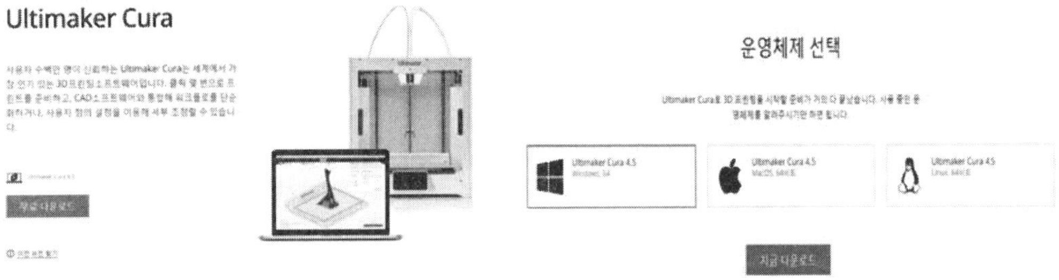

그림 4-9 Cura 설치 웹사이트

❷ 운영체제 선택 ➜ 실행 선택 ➜ 다음

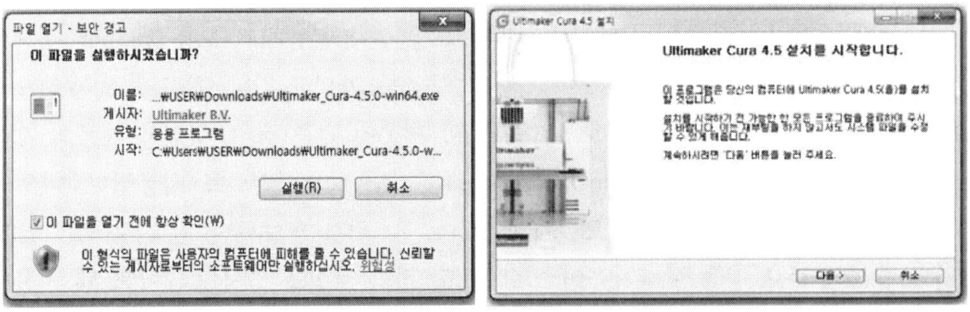

그림 4-10 Cura 설치 파일

❸ 다음 ➜ 동의함 ➜ 다음

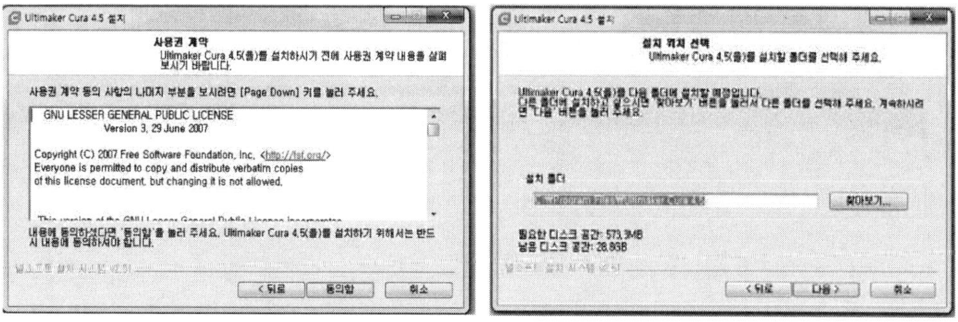

그림 4-11 Cura 설치 파일

❹ 다음 ➜ 다음 ➜ 설치

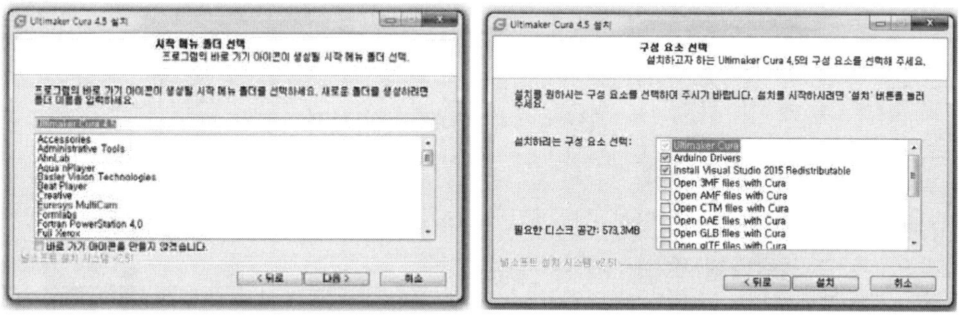

그림 4-12 Cura 설치 파일

❺ 설치 ➜ 마침

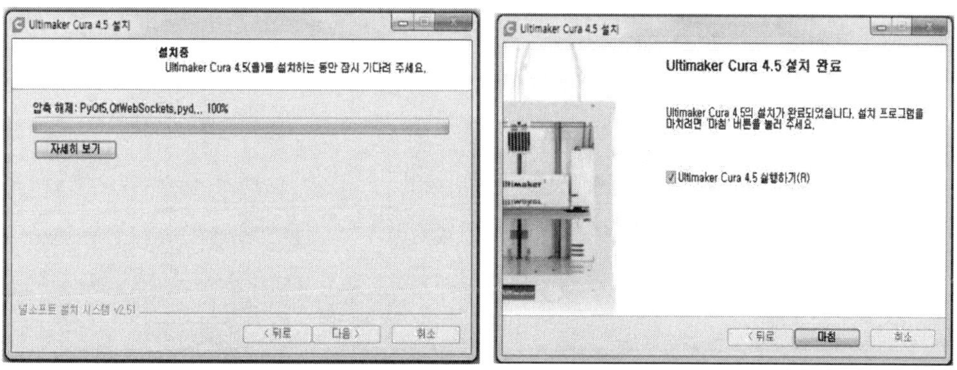

그림 4-13 Cura 설치 파일

설치가 완료 되면 마침을 선택 후 Cura를 실행한다.

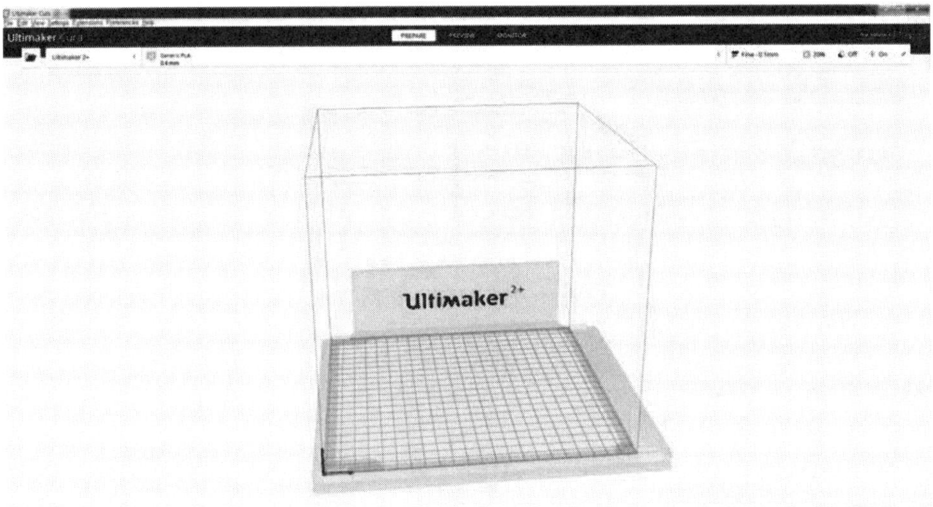

그림 4-14 Cura 시작 화면

둘째, Cura 프로그램을 다운로드하고 Cura를 실행시킨 후, setting 메뉴에 각자 가지고 있는 3D 프린터에 맞는 기종을 설정한다.

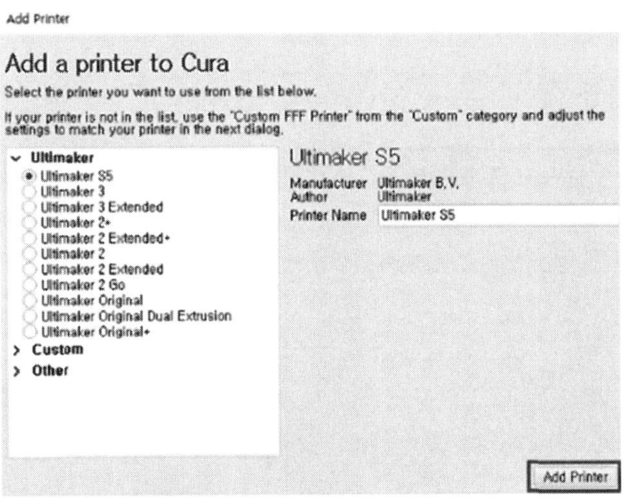

그림 4-15 Cura – Add printer

메뉴에서 프린터 기종을 선택하고 자신의 3D 프린터 기종을 찾아 설정을 하면 프린터 기종에 따라 가운데 작업 화면의 구성이 변경 설정된다.

프린터 기종에 대한 설정이 완료되었으면 메뉴의 파일 메뉴를 클릭하고 출력하고자 하는 부품 STL 파일을 불러 온다(File ➜ Load model file).

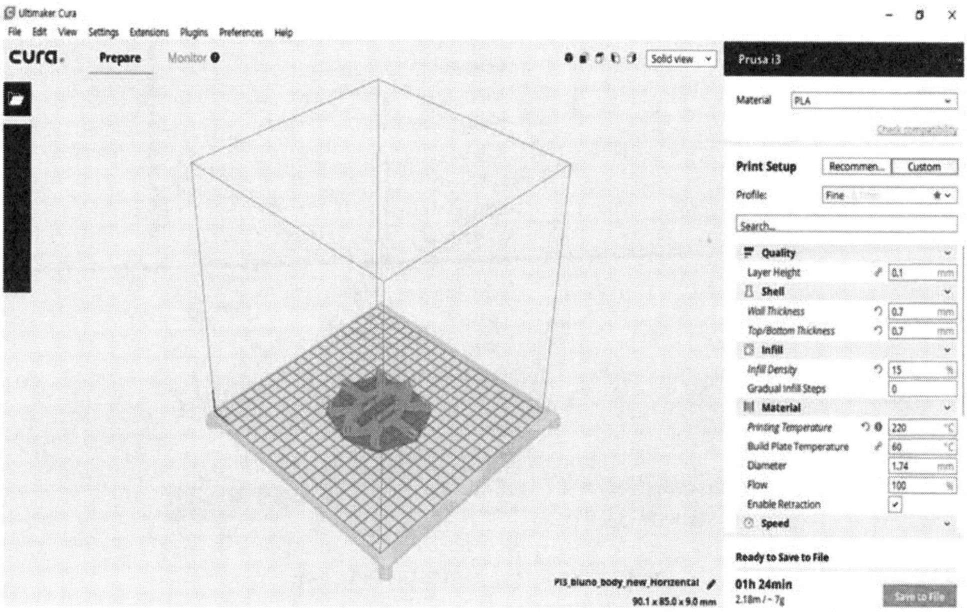

그림 4-16 Cura에서 STL 파일 불러오기

그림 4-16은 일반적인 Cura 프로그램의 화면 구성을 보여준다. 출력할 STL 파일이 위의 그림과 같이 표시되면 화면 좌측의 프린터 출력을 위한 재료, 프린터 속도 등 제작품의 프린팅에 관련된 설정들을 해주어야 하는데 이러한 설정 값들은 최종 프린팅된 제품의 품질을 결정하는 중요한 인자들이다.

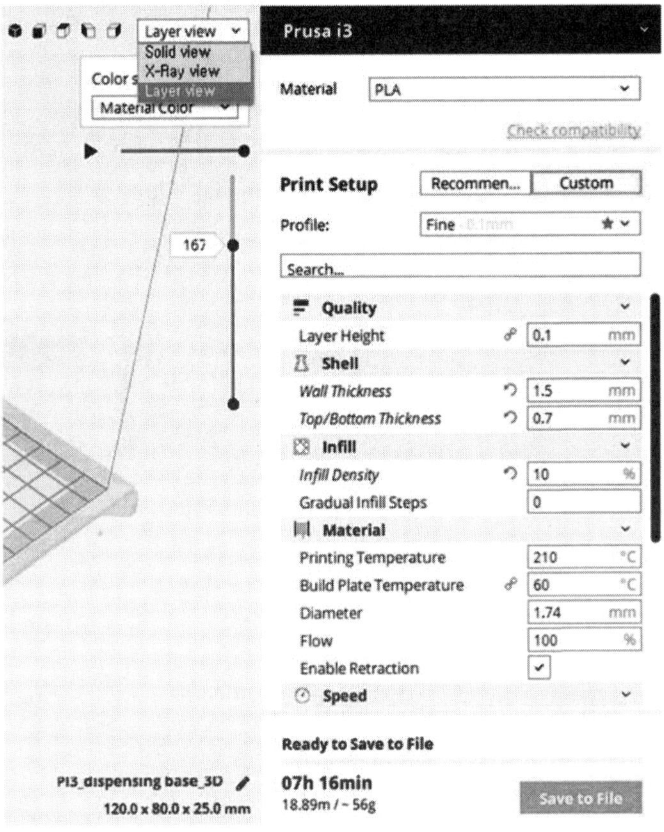

그림 4-17 Cura 프린팅 세팅 메뉴

그림 4-17은 제품의 특성에 맞도록 3D 출력 품질을 설정하는 메뉴를 보여주고 있다. 우선적으로 출력하고자 하는 제품의 형태와 출력 시 필라멘트를 적층하는 과정을 확인하기 위하여 "View" 메뉴를 일반적으로 이용하게 된다.

View 메뉴에는 그림 4-18에 보는 바와 같이 "Solid View", "X-Ray View", "Layer View"가 있는데 여기서 Solid View는 설계된 STL 파일의 제품 형성을 그대로 확인할 수 있으며, X-ray View는 X-ray가 투과 되었을 때의 그림자 형상 같은 이미지를 나타낸다. 마지막으로 그림 4-19의 Layer View는 3D 출력물의 필라멘트 적층과정, 벽두께, 적층밀도(infill)등을 한 눈으로 확인할 수 있도록 하는 View로서 출력 전 출력물의 적층과정을 확인하기 위해서 유용하게 사용되는 메뉴이다.

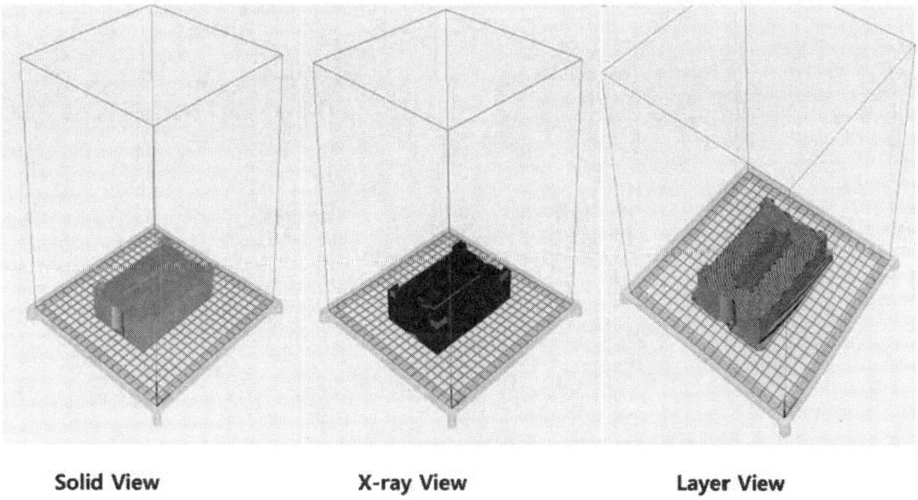

그림 4-18 Cura View Menu

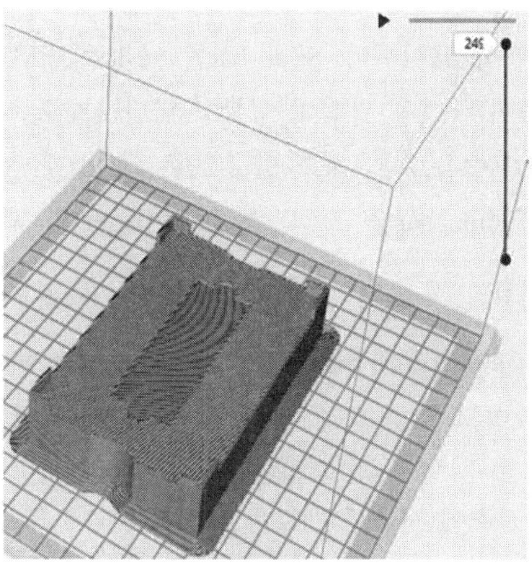

그림 4-19 Layer View

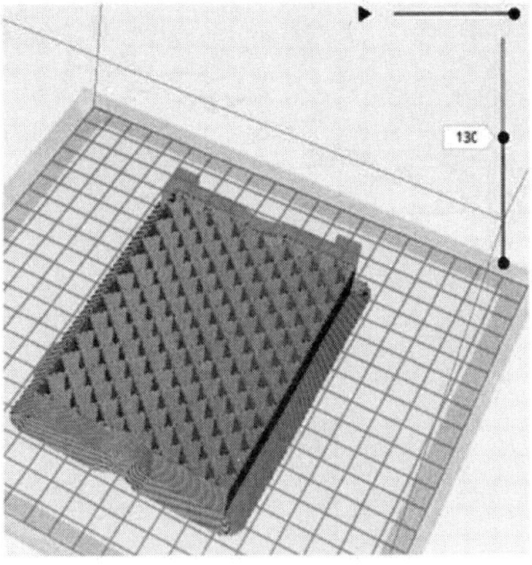

그림 4-20 Layer View(상세 모습)

그림 4-19 Layer View를 보면 오른쪽 상단에 수직방향의 Slide bar가 있고 꼭대기 위치에 249라는 숫자가 표기되어 있는 것을 볼 수 있다. 즉, 필라멘트 적층을 높이방향으로 249번 한다는 것을 표시하며, Silde bar를 아래로 내리면 그림 4-20과 같이 적층 수가 줄어들면서 줄어든 적층 과정의 형상이 나타나게 된다. 그림 4-19는 249번째 적층된 제작물의 예상 모습을, 반면에 그림 4-20은 130번째 적층된 제작물의 예상 모습을 보여준다. 이렇게 slide bar를 조정하면 각 층(layer)별 제작물의 출력 모습을 사전에 볼 수 있다.

Layer View 메뉴를 이용하여 적층하는 과정에 대해 미리 확인하고 적층 시 적층 조건을 세팅하기 위한 그림 4-17로 다시 돌아가서 오른쪽의 메뉴들을 살펴보면,

❶ Material : 프린트 출력에 사용된 재료를 설정하는 것으로 일반적으로 PLA나 ABS가 많이 사용된다. 재료 강도는 ABS가 우수하나 프린팅 온도가 높고(약 220~240℃) 작업이 까다롭다. PLA의 경우 작업 온도는 일반적으로 195~220℃ 정도가 적합하며 작업이 용이하여 일반적으로 많이 사용된다.

* 계절에 따라 온도를 조절 필요

❷ Layer Height : FDM 방식의 프린터가 프린팅 시 Z축 방향으로 1번에 적층하는 높이를 말한다. 그림에는 0.1mm로 표시되어 있는데 장비에 따라 1/100mm단위의 출력도 가능하다.

❸ Wall Thickness : 출력물의 벽두께를 설정하는 메뉴로서 그림 4-21, 4-22는 벽두께를 1.5mm와 0.7mm로 설정 했을 때의 차이점을 보여준다.

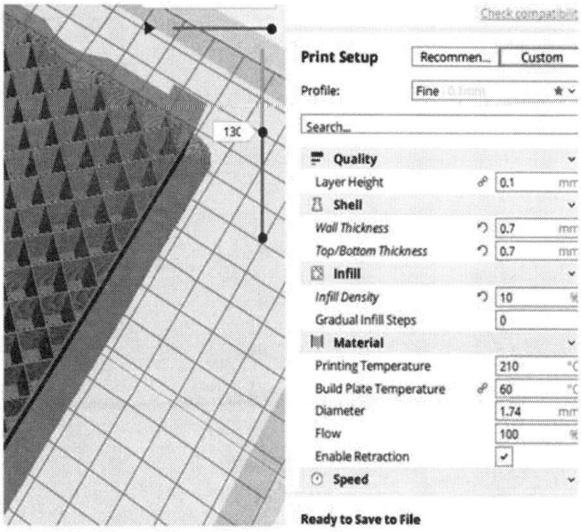

그림 4-21 Wall Thickness 0.7mm

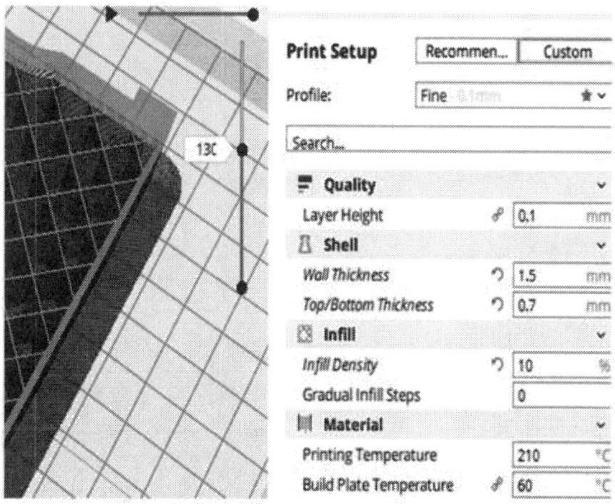

그림 4-22 Wall Thickness 1.5mm

* 내구성이 필요하거나 강도가 요하는 제품의 경우 벽두께 값을 크게 하면 된다.

❹ Top / Bottom Thickness : 3번 항의 Wall Thickness와 동일하게 출력제품의 윗면과 바닥면의 두께를 설정할 때 사용된다.

❺ Infill : 그림 4-23, 4-24에서 보는 바와 같이 적층 시, 출력 제품의 내부를 채우기 위하여 사각형 모양의 격자가 형성되어 있는데 이 사각형 격자의 크기를 결정하는 값이다.

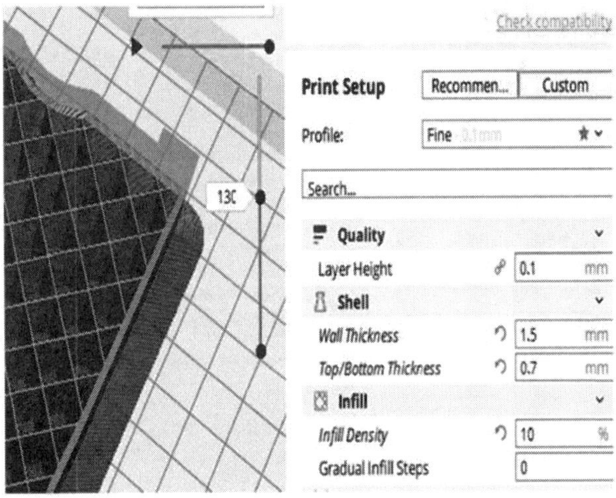

그림 4-23 Infill 10(%)

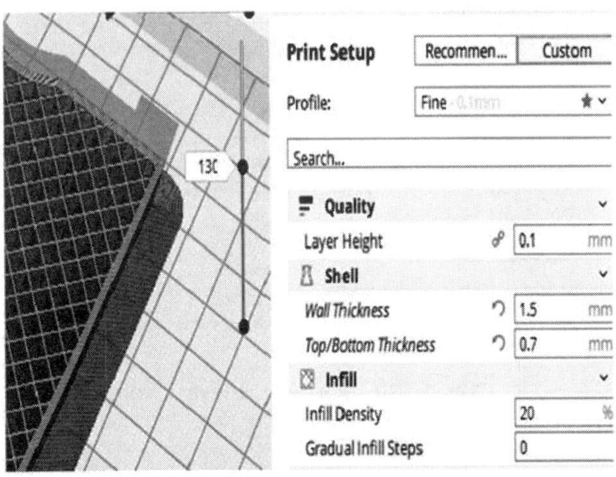

그림 4-24 Infill 20(%)

최종 출력 제품의 내구성과 강도와 관련된 요소로, 결국 이러한 차이에 따라 3D 출력물의 출력 시간에 차이가 생긴다고 할 수 있다. 정밀하고 강도가 강한 출력물을 출력하는 경우 출력에 소요되는 시간은 늘어나게 된다.

❻ Printing & Built Plate Temperature : 위 1번 항에서 잠깐 서술한 것처럼 일반적으로 FDM 방식의 3D 프린터에서는 PLA와 ABS가 주재료이다. PLA의 경우 195～230℃의 온도가, ABS의 경우는 230～250°의 온도가 일반적으로 적용된다. 그러나 온도는 3D 프린팅을 하는 장소나 계절에 따라 출력에 영향을 미치므로 작업 환경에 따라 사전에 샘플 출력을 통해 온도조건을 맞출 필요가 있다.

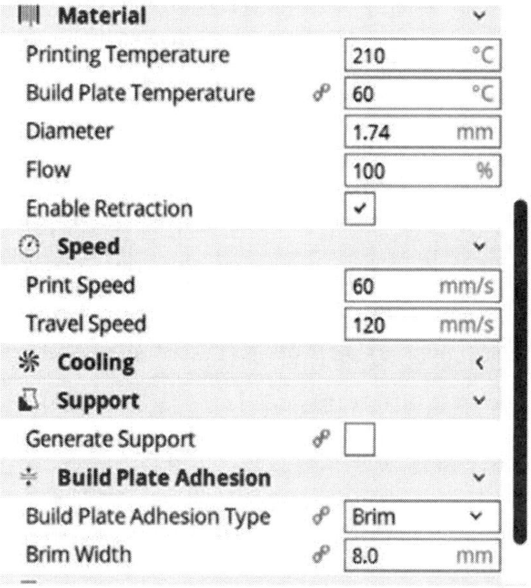

그림 4-25 기타 메뉴

특히 Heating Plate를 갖춘 3D 프린터의 경우는 Build Plate의 온도를 적절히 조정하여야 출력물이 출력이 완료될 때까지 Plate에 안정적으로 부착되어 양품의 출력물을 얻을 수 있다. 일반적으로 Heating Plate의 온도는 그림 4-25처럼 60°가 적당하다.

❼ Build Plate Adhesion : 출력하고자 하는 출력물이 Build plate에 접착되는 면적이 작고 출력 시간이 접착면적이 비해 오래 걸릴 경우, 출력과정에서 Build Plate의 접착이 불안정해져 떨어지는 경우가 있다. 이러한 불안정한 상황을 방지하기 위하

여 Build Plate Adhesion Type을 설정하는데(그림 4-25 참조) 여기에는 “skirt”, “Raft”, “Brim”, “None”등이 있다. 각 항목에 대한 내용은 3D 관련 전문 도서를 참조 바란다.

❽ Support : 끝으로 출력물과 3D 프린터의 Build Plate가 평면으로 완전히 밀착되지 않는 단차 혹은 돌기가 있는 경우, 그림 4-25에 있는 메뉴를 사용하지 않으면 정확한 출력물을 얻기 어렵다. 즉, 아랫면에 돌기가 있는 경우 그대로 출력을 하면 아랫부분에 지지하는 곳이 없어 적층이 제대로 만들어 지지 않고 허공에 필라멘트가 출력되는 상태가 된다.

이상에서 소금쟁이 로봇 몸체와 다리를 3D 프린터를 이용하여 출력할 수 있는 정도의 간략한 3D 프린터 사용법에 대하여 설명을 하였다.

4-2-3. 소금쟁이 로봇 구성 부품 출력하기

설정에 대한 숙지가 끝났다면, 메뉴의 파일 메뉴를 클릭하고 출력하고자 하는 부품의 STL 파일을 불러 온다(File ➜ Load model file).

3D 프린팅을 사용하여 출력 할 부품의 종류는 아래 그림과 같이 몸체, 배터리 지지대, 코일형 다리, 구동 프로펠러 이다. 여기서는 몸체 제작용 STL 파일을 사용하여 3D 프린터로 출력하는 방법을 설명한다. 다른 부품들도 같은 방법으로 출력하면 된다. 위의 부품들을 출력하기 위한 STL 파일은 앞에서 공지한 이메일 주소로 요청하면 된다.

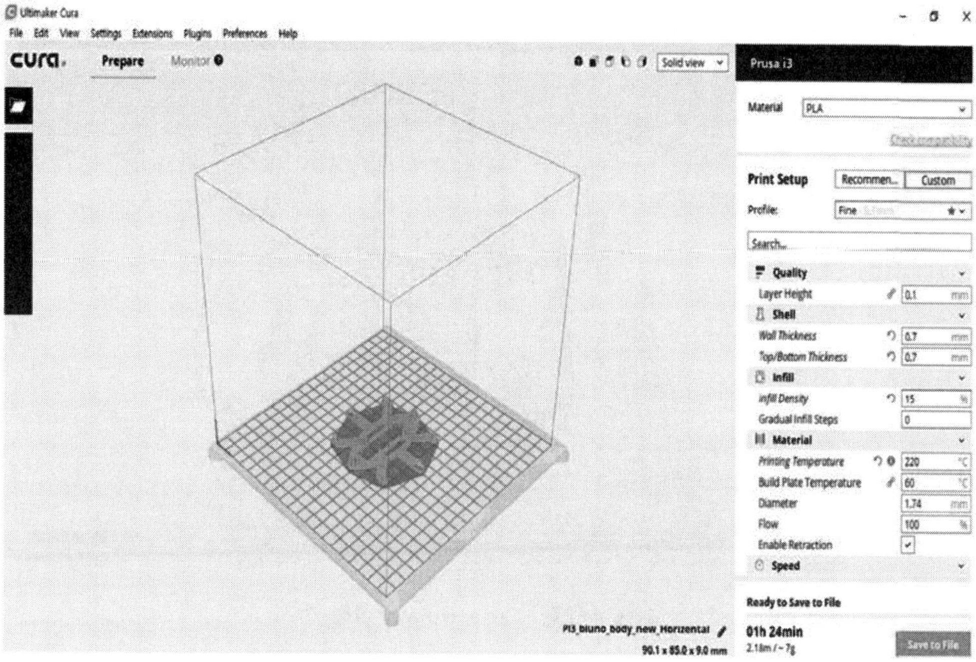

그림 4-26 Cura에서 STL 파일 불러오기

Cura에서 STL 파일을 불러와 불러온 STL 파일을 선택하면 왼쪽에 아이콘들이 나타나게 된다. 이때, 세 번째 메뉴(Rotate)를 선택해 STL 파일의 회전을 조정할 수 있다. 여기서 출력할 소금쟁이 로봇 몸체 STL 파일을 보면 몸체 상면에 돌기가 있으므로 안정된 출력을 위해 회전(Rotate)메뉴를 사용하여 소금쟁이 로봇 몸체 하면이 위로 가도록 설정해 준다.

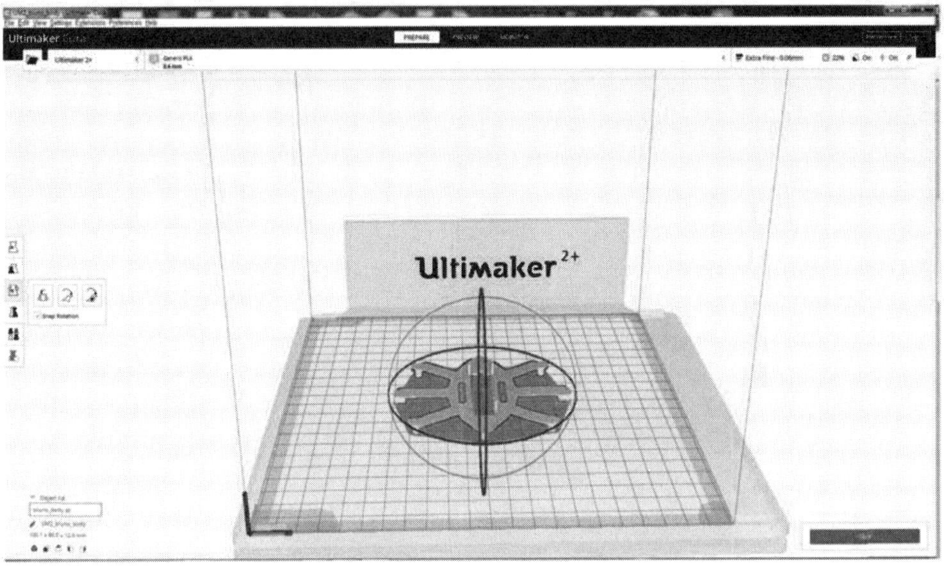

그림 4-27 Cura-Rotate 설정 전

그림 4-28은 그림 4-27의 STL 파일을 180° 회전을 한 후의 모습이다. STL 파일을 불러 온 후 소금쟁이 로봇 몸체 하면이 위로 오도록 설정을 했다면, 이제 출력 설정값들을 설정해준다.

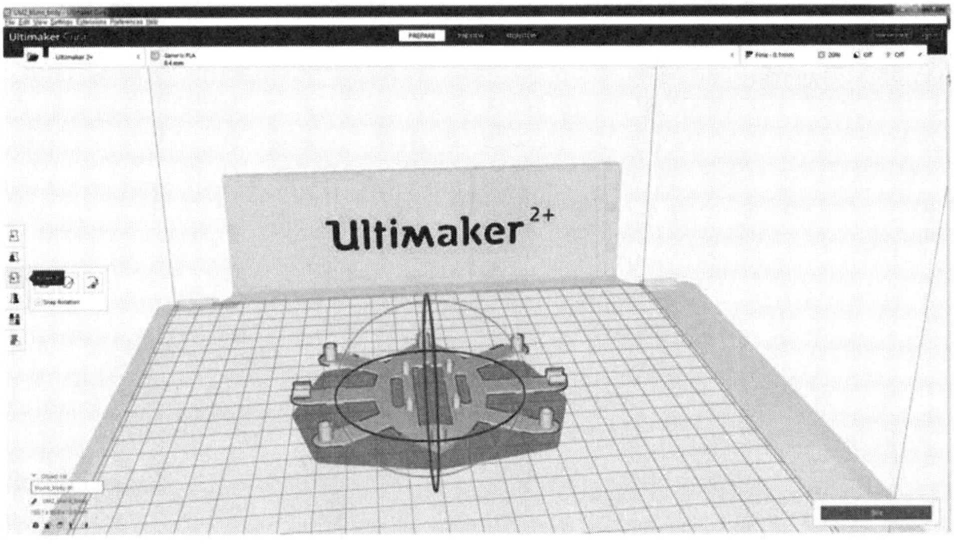

그림 4-28 Cura-Rotate 설정 후

Cura 화면의 위쪽 중앙의 MONITOR 메뉴를 선택하면 그림 4-29와 같은 창이 나타난다. 좀 더 나은 출력을 위해 Layer Height는 0.1로 설정해 주고 Infill(%)값은 20으로 설정해준다. 바닥면, 돌기 등이 완벽하게 출력되게 하기 위해서는 출력물에 지지대(support)를 설치하는 것이 좋다. Support 설정을 위해 Custom을 선택한다.

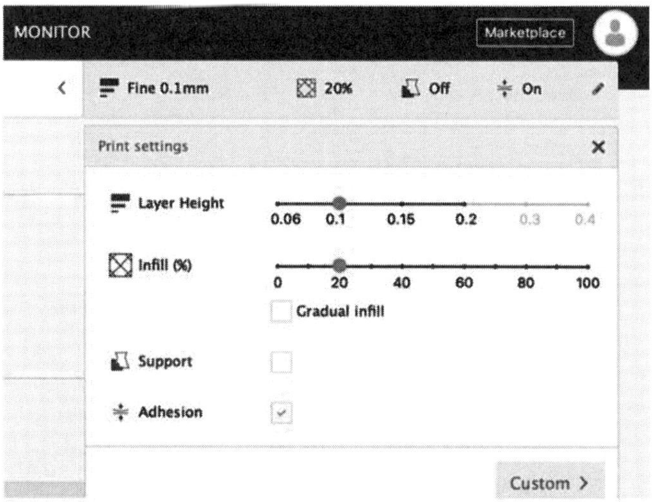

그림 4-29 Cura MONITOR-프린트 설정값

그림 4-30의 설정 메뉴들에서 Generate Support를 선택하고 Support Placement는 Everywhere, Support Overhang Angle는 50, Support Pattern은 지그재그로 설정해준다. Support 설정을 한 뒤, Support 밑의 Build Plate Adhersion을 선택 후 Build Plate Type을 Brim으로 선택해준다. 그러면 STL 파일을 출력하기 위한 모든 설정들이 끝나게 된다. 마지막 확인을 위해 Cura 화면 위쪽 중앙의 PREVIEW를 선택한 후 그림 4-31과 같은 화면이 나오는지 확인해 본다.

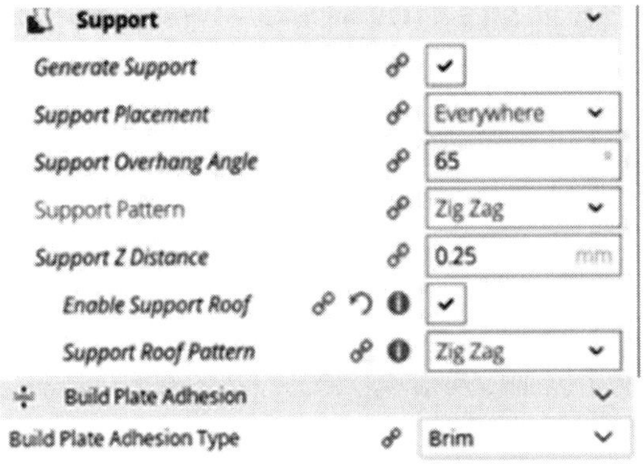

그림 4-30 Cura Support 설정

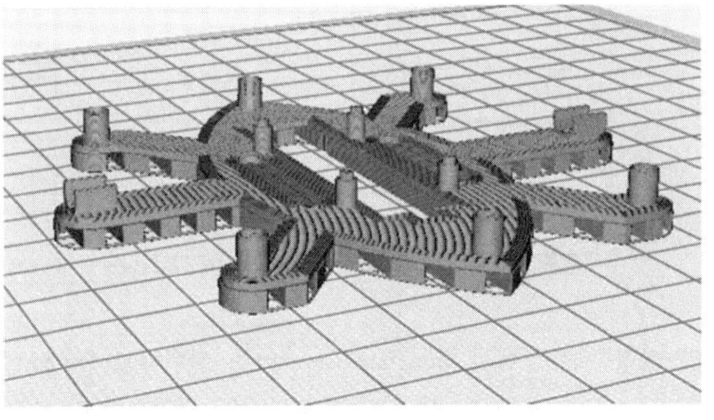

그림 4-31 소금쟁이 로봇 몸체 STL파일 PREVIEW

출력을 위해 G-code를 생성한다. 그림 4-32처럼 Cura 화면 우측 하단의 Slice를 선택한 후 Save to File로 바뀔 때까지 기다린 후 G-code를 SD 카드에 저장한다.

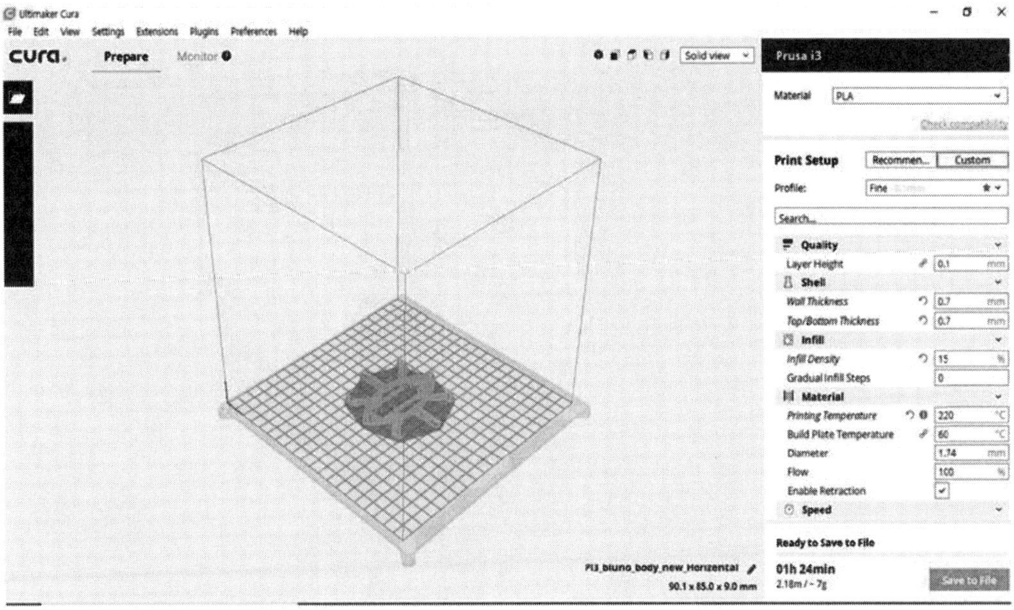

그림 4-32 G-code 생성

CHAPTER 05

물위를 움직이는 소금쟁이 로봇 제작하기

5.1 소금쟁이 로봇 제작에 필요한 부품 확인하기

이 책은 소금쟁이 로봇을 제작하려는 사람들에게 전기전자 실습에 가장 기초적인 기능인 부품 납땜 방법을 알려주고 숙련도를 높이려는 목적을 가지고 있기 때문에, 납땜 관련 장비들도 부품 목록에 포함하였다. 필요한 부품의 목록은 아래 표 5-1과 같다.

[표 5-1] 부품 목록

분류명	그림번호	부품이름	규격	수량	무게
몸체					
	1	몸체	3D 프린팅 출력물	1	
	2	코일형 다리	3D 프린팅 출력물	6	
	3	무게중심용 다리	3D 프린팅 출력물	1	
	4	배터리지지대	3D 프린팅 출력물	1	
	5	프로펠러	3D 프린팅 출력물	2	
구동 및 제어부					
	6	소형DC 모터	직경: 4mm, 길이: 8mm, 코어리스	2	0.4g
	7	Dual 모터드라이버	Pololu md08a(TB6612FNG)	1	1.0g
	8	제어보드	블루노나노(핀이 없는 것)	1	4.1g
	9	리튬폴리머배터리	20 × 30 mm, +100mAh	1	2.7g
기타					
	10	배선류	Wrapping-wire, 30AWG, 0.25m/m		
	11	납땜장비 및 접착제	전기인두, 관련 소모품, 접착제		
센서					
	12	온습도센서	DHT-11	1	2.7g

몸체에 장착되는 부품은 소금쟁이 로봇의 부력을 고려하여야 하므로 가능한 소형이고 경량인 것을 선정하였다. 혹시 여러분들이 더 경량인 부품들을 발굴한다면 그것을 사용하기를 적극 권장한다.

(1) 몸체

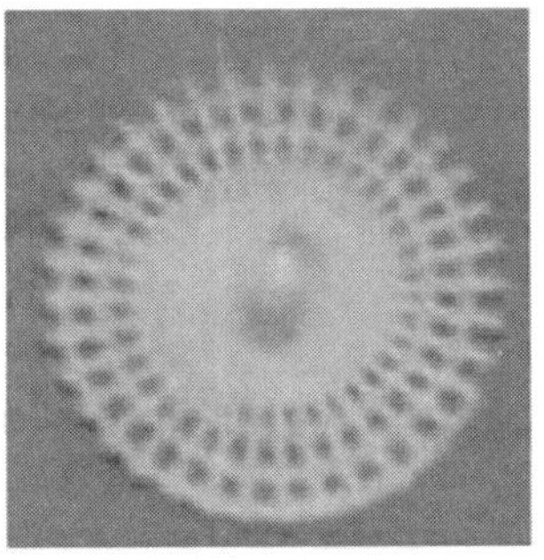

(2) 코일형 다리

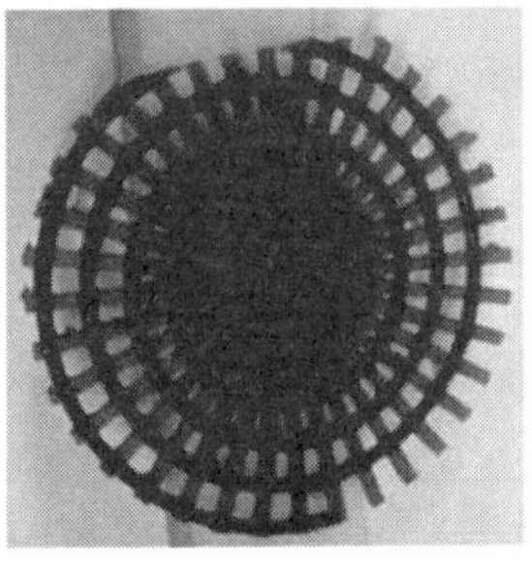

(3-a) 무게 중심용 다리(위)

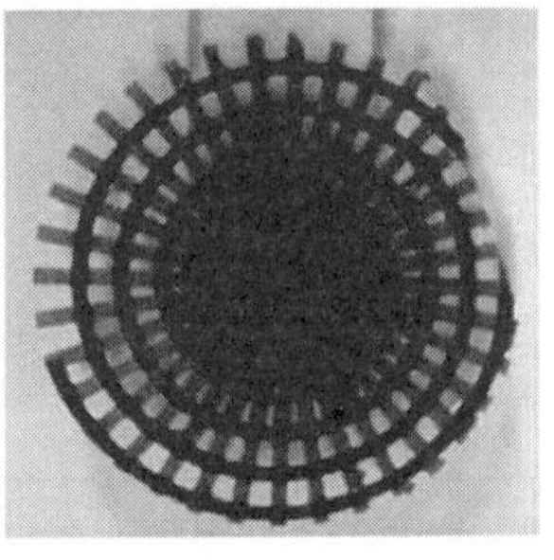

(3-b) 무게 중심용 다리(밑)

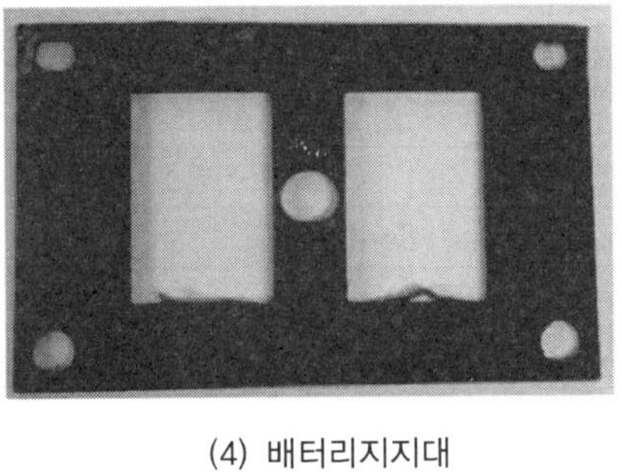

(4) 배터리지지대

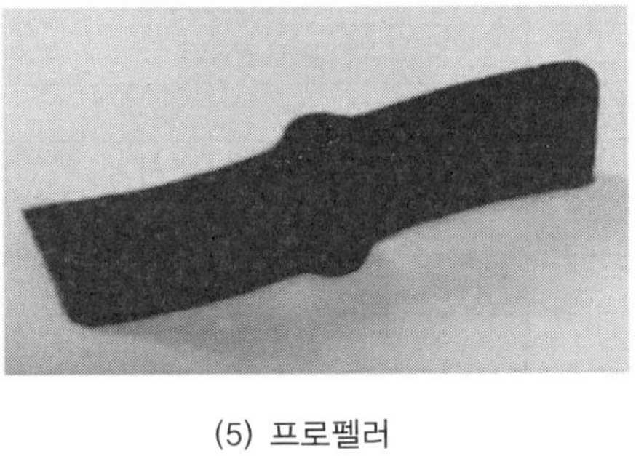

(5) 프로펠러

(6) 소형 DC모터

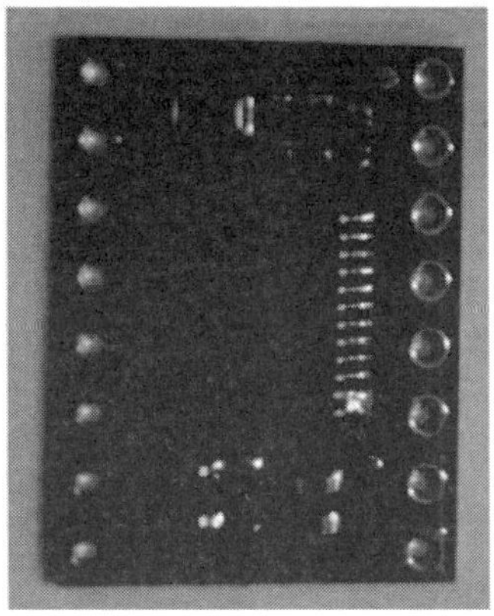

(7) Dual 모터 드라이버

(8) 제어 보드

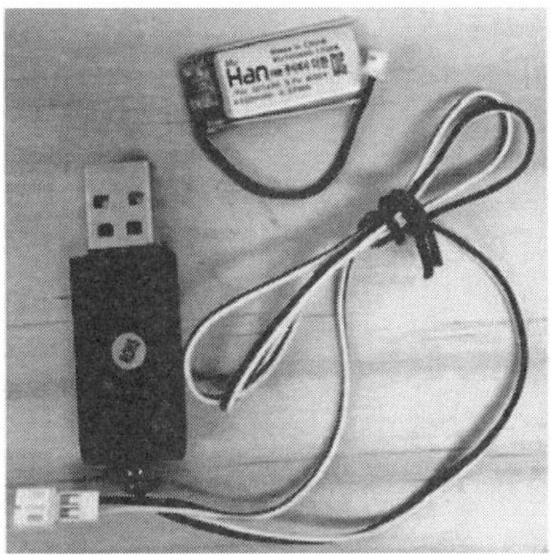

(9) 리튬 폴리머 배터리

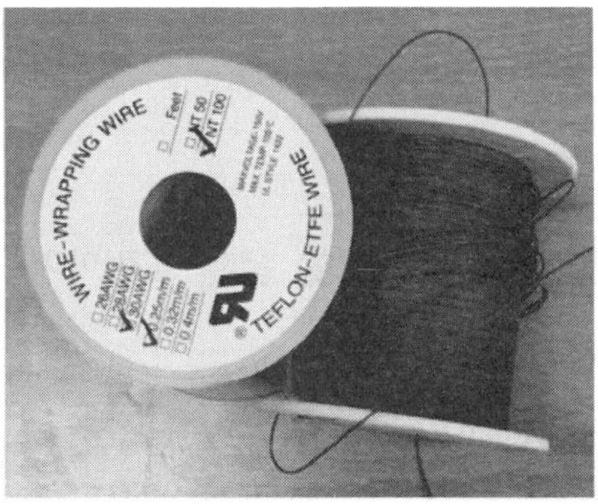

(10) 배선류

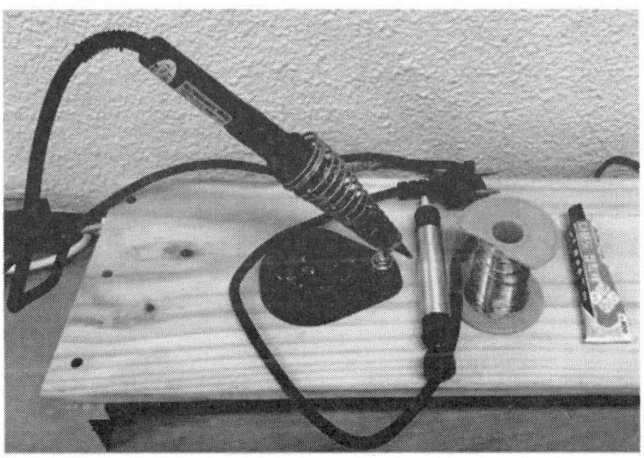

(11) 납땜 장비 및 접착제

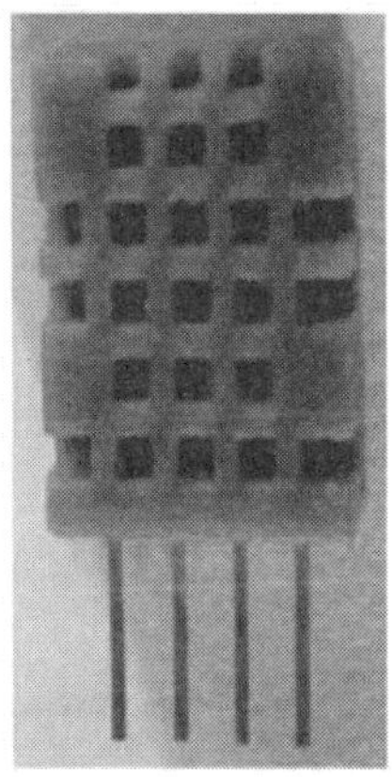

(12) DHT-11

제작을 완료해서 물위를 유영하는 소금쟁이 로봇의 모습은 그림 5-1을 참조하라.

그림 5-1 완성된 소금쟁이 로봇의 유영 모습

5.2 소금쟁이 로봇 몸체 조립하기

먼저 소금쟁이 로봇의 몸체부터 조립해 보자. 앞장에서 설명한 3D 프린터를 사용하여 몸체와 다리 7개, 배터리 지지대, 프로펠러 2개를 출력한다. 그리고 앞의 부품리스트에서 소개한 소형 DC 모터 2개(전선 연결 필요)와 소형 리튬 폴리머 배터리 1개를 준비한다. (그림 5-2 참조).

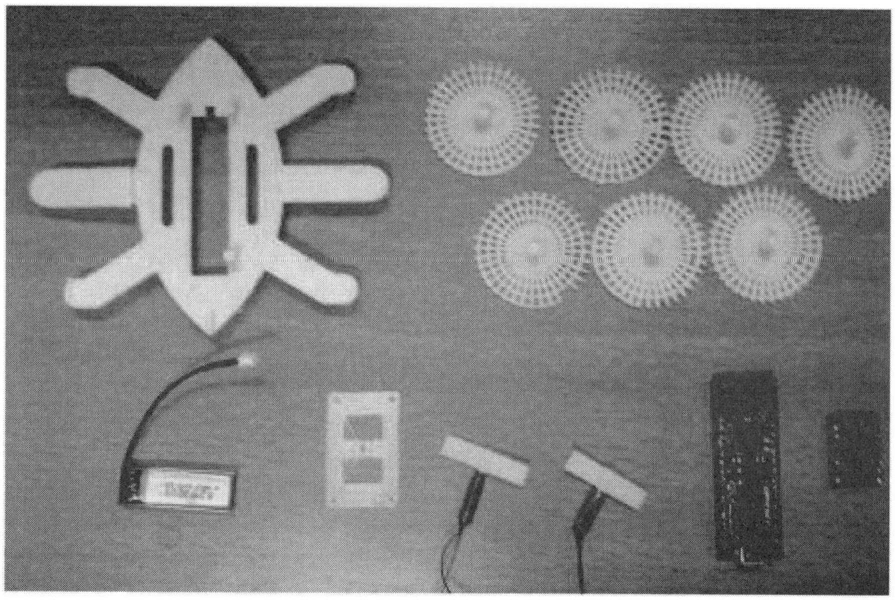

그림 5-2 소금쟁이 로봇 몸체 조립용 부품들

7개의 다리 중 1개는 소금쟁이 몸체의 균형을 위하여 몸체 중앙에 조립할 예정이며, 이 몸체 중앙에 장착할 다리를 제외한 6개의 다리를 그림 5-3과 같이 몸체의 다리 장착 구멍에 가볍게 밀어 넣어 조립을 한다.

그림 5-3 소금쟁이 로봇의 몸체에 6개의 다리를 조립한 모습

6개의 다리 조립이 완료되었으면 그림 5-4와 같이 배터리를 배터리 지지대에 얹져 고정한 후 배터리 지지대를 몸체 중앙의 사각형 위치 아래로 가볍게 밀어 넣는다. 다음으로 나머지 1개의 다리를 Battery Cover의 가운데 구멍에 밀어 끼워 넣는다.

이제는 구동장치를 조립해야 한다. 먼저 2개 모터 각각에 3D 프린터로 출력한 프로펠러를 끼운다. 그런 다음 그림 5-4와 같이 몸체 중앙에 있는 지지대 아래쪽에 부착한다. 이때 모터의 연결선은 몸체 위로 빼어내어 다음에 장착 할 모터 드라이버의 위치에 둔다.

그림 5-4 완성된 소금쟁이 로봇의 몸체 모습

5.3 구동 및 제어를 위한 부품 장착하기

이제부터는 제어 부품과 구동 부품에 대한 조립을 할 것이다. 여기서는 여러분의 납땜 실력이 요구되니 사전에 납땜 관련한 준비를 해주기 바란다. 먼저 전체 부품 조립도는 그림 5-5를 참조하기 바란다. 배선은 무게를 줄이기 위해서 부품리스트에서 언급한 것을 사용하는 것이 좋다.

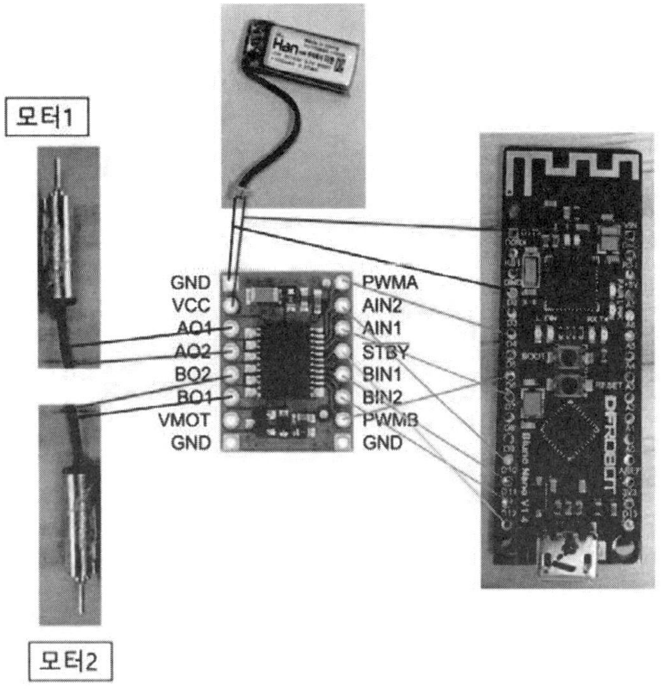

그림 5-5 전체 회로도

[1] 블루노나노 보드와 모터드라이버 연결하기

조립 후 무게 중심을 최대한 유지하기 위해서 블루노나노 보드 위에 1cm정도 높이를 유지하면서 가능한 중앙에 위치하게 배선을 한 후, 모터드라이버를 납땜하여야 한다. 연결하는 방법은 그림 5-6과 같다. 먼저 블루노나노 보드의 D3과 D5는 모터드라이버의 PWMA, PWMB에 연결하고, D6과 D9는 모터1을 제어하는 AIN1, AIN2 입력단자로, D10과 D11은 모터2를 제어하는 BIN1, BIN2의 입력단자로 연결한다. 그리고 모터의 작동을 정지시키는데 사용되는 D12는 모터드라이버의 STBY와 연결한다.

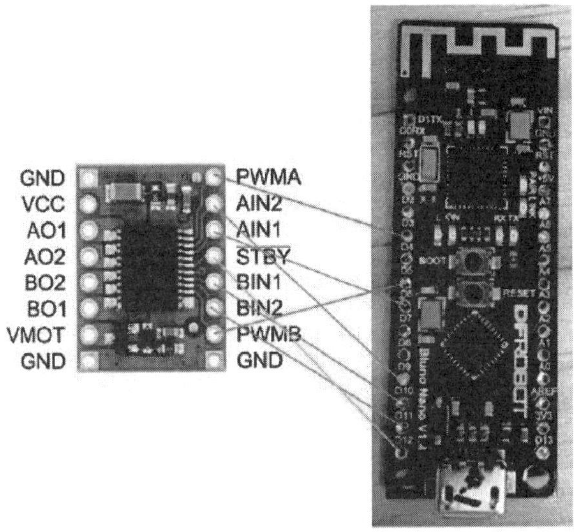

그림 5-6 블루노나노 보드와 모터드라이버의 연결

[2] 모터드라이버와 소형DC모터 연결하기

모터의 배선은 미리 몸체와의 거리를 계산해서 넉넉하게 길이를 가져간다. 그리고 사전에 각각의 모터의 회전 극성을 파악하여 동일한 극성을 유지하도록 같은 배선을 사용하여 납땜한다. 그림 5-7과 같이 모터1의 단자는 모터드라이버의 AO1, AO2에, 모터2의 단자는 BO1, BO2에 연결한다.

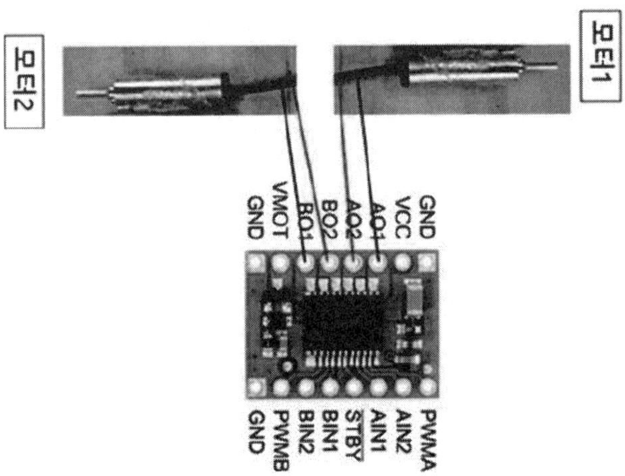

그림 5-7 모터와 모터드라이버의 연결

[3] 배터리 연결하기

그림 5-5와 같이 배터리와 블루노나도 보드와의 연결은 VIN과 GND을 사용하고, 모터드라이버와는 VCC와 GND단자를 사용한다. 배터리의 빨간색 배선이 VIN과 VCC에 연결되고, 검은색 배선이 GND와 연결되어야 한다.

[4] DHT11센서의 연결

9장에서 설명하게 될 DHT11센서는 그림 5-8과 같이 VCC를 배터리의 양극에, GND를 배터리의 음극선에 연결한다. 데이터 단자인 2번을 블루노나노 보드의 D4와 연결한다. 이 부분에 대한 자세한 설명은 9.1절을 참조하기 바란다.

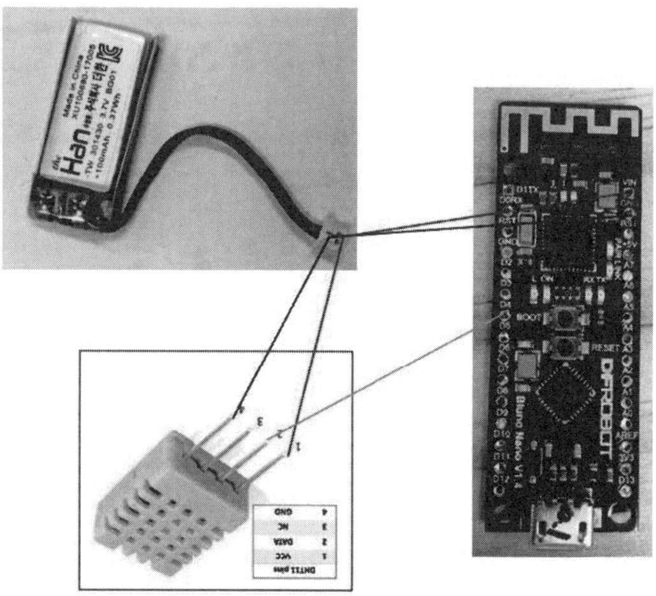

그림 5-8 DHT11센서의 연결

[5] 블루노나노 보드를 소금쟁이 로봇 몸체에 조립하기

이제 모터드라이버를 장착한 블루노나노 보드를 그림 5-9와 같이 소금쟁이 로봇 몸체에 있는 세 곳의 홈에 끼우면 몸체와의 조립이 완료 된다.

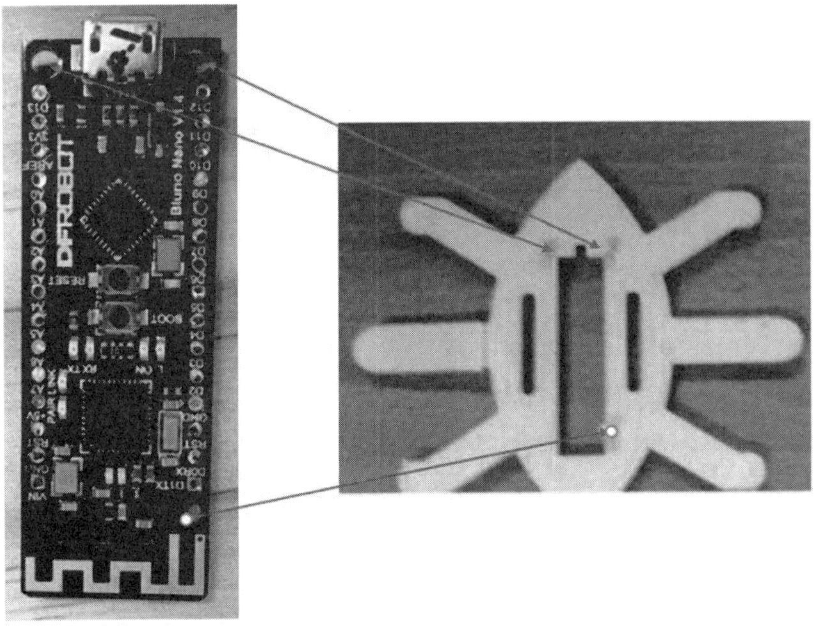

그림 5-9 블루노나노 보드를 소금쟁이 로봇 몸체에 조립하기

CHAPTER 06

소금쟁이 로봇 코딩하기

6.1 제어를 위한 마이크로컨트롤러

마이크로컨트롤러(microcontroller)란 입출력 모듈을 하나의 칩(Chip)으로 만들어 정해진 기능을 수행하는 컴퓨터라고 할 수 있다.

이 칩 안에는 두뇌에 해당하는 CPU, 저장을 담당하는 메모리, 그리고 입출력 장치가 포함되어 있어 필요한 명령을 코딩하여 입력시키면 그 명령을 반복적으로 수행하게 된다.

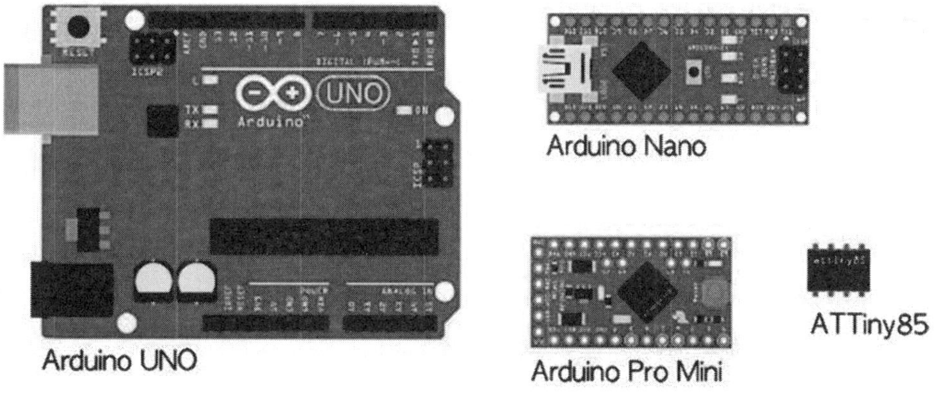

그림 6-1 아두이노 종류

본 책에서는 아두이노라는 오픈소스 마이크로컨트롤러를 이용하여 소금쟁이 로봇을 제작할 것이다. 이 아두이노도 기능에 따라 그림 6-1과 같이 여러 가지 제품이 있지만, 우리가 제작하는 소금쟁이 로봇이 물에 가라앉지 않고 계속 떠있으려면 무게가 가벼

워야 하고, 또 무선 조정을 하기 위해서는 블루투스(Bluetooth) 기능을 갖추고 있어야 함으로 최종적으로는 그림 6-2와 같은 블루노나노 제품을 선정하였다.

그림 6-2 블루노나노(Blunonano)

블루노 보드는 BLE 모듈을 아두이노 우노에 통합한 최초의 제품으로 무선통신이 가능한 이상적인 프로토타이핑 플랫폼이며, 저전력 블루투스 4.0 기술을 통해 실시간 저전력 통신이 가능하다. 블루노나노는 아두이노 우노의 개발 보드 및 TI CC2450 BT 4.0 칩을 내장하고 있으며, 무선 프로그래밍을 위해 블루투스 HID를 지원한다. BLE 구성을 위한 AT 명령 지원 및 BLE 펌웨어 업그레이드 또한 가능하다. 블루노는 모든 아두이노 우노 핀과 호환되므로 프로그래밍이 쉽고 오픈 소스가 있어 즉시적인 활용이 가능하다. 크기는 53mm × 9mm × 12mm이며 무게는 20g이다. 전송 범위 또한 20m로 블루투스 2.0의 두 배나 된다.

블루노나노에 대한 설명은 아래 사이트에 자세히 나와 있다.

웹사이트 : https://wiki.dfrobot.com/Bluno_Nano_SKU_DFR0296

참고 마이컴이란?

마이컴이라는 용어는 1971년 미국 텍사스 인스트루먼트사에서 최초로 마이크로 컨트롤러가 개발된 뒤에 상용적으로 사용되면서 마이크로 컨트롤러를 지칭하는 의미로 사용되고 있다. 그러나 최근 들어 라즈베리파이 같은 미니 컴퓨터를 지칭하는 용어로도 사용되고 있어, 여기서 이와 관련한 개념들을 구체적으로 설명하고자 한다.

[1] 마이크로프로세서

마이크로프로세서(Microprocessor)는 영어 단어의 의미대로 작은 연산장치를 말한다. 마이크로프로세서는 연산은 가능하지만 입출력은 외부 모듈을 사용해야 하는 단점이 있다. 마이컴안에서 연산만을 수행하는 장치로 보면 된다.

그림 6-3 마이크로프로세서

[2] 마이크로컨트롤러

마이컴이라고 부르는 마이크로컨트롤러(microcontroller) 또는 MCU(micro controller unit)는 마이크로프로세스와 입출력 제어모듈 그리고 연산을 도와주는 램(RAM, random access memory)과 저장장치가 하나의 칩으로 만들어진 것을 말한다. 정해진 기능만을 수행할 수 있도록 프로그램을 작성한 후 컴파일 하여 변환된 기계어를 메모리에 집어 넣어 작동하게 한다. 따라서, 한 번 프로그래밍하면 코드를 나중에 바꿀 일이 거의 없기 때문에 냉장고, 전자레인지 등의 기기에 사용된다. 당초에 마이컴은 임베디드 애플리케이션을 위해 디자인되었으며 지금도 임베디드시스템에 널리 사용되고 있다.

지금 우리가 사용하고자 하는 아두이노나 오렌지보드 같은 것들은 이 용도에 사용할 수 있도록 만들어진 개발보드이다.

그림 6-4 마이컴

[3] 마이크로컴퓨터

마이크로컴퓨터(micro-computer)는 "작은 컴퓨터"라는 의미로써 마이크로프로세스를 중앙처리장치로 사용하며, 모니터와 키보드, 마우스 그리고 운영체제(OS)까지 포함된 것을 말한다. 요즘은 라즈베리파이를 가지고 이러한 미니컴퓨터를 많이 만들고 있다.

그림 6-5 마이크로컴퓨터

[4] 펌웨어

마이크로컨트롤러에 프로그래머가 원하는 제어명령을 수행시키기 위하여 미리 프로그래밍하여 하드웨어에 저장해 놓은 것을 펌웨어라고 한다. 즉, 특정 하드웨어장치를 제어하기 위하여 (ROM, read only memory)에 넣은 소프트웨어를 말한다.

6.2 프로그램 제작을 위한 개발툴

우리가 선정한 마이크로컨트롤러, 블루노나노는 아두이노 기반의 제어기로서 아두이노 IDE(Integrated Development Environment)라는 통합개발환경의 개발툴을 제공하고 있다. 아두이노를 처음 접하게 되면, 아두이노의 하드웨어의 종류가 너무 다양한데서 놀라 어떤 것을 사용하여야 할지에 대해 고민하게 된다. 아누이노 홈페이지의 내용을 보면, 어느 아두이노나 Arduino programming language를 만족하며, Arduino Software(IDE)를 사용하여 프로그래밍을 할 수 있다고 되어 있다. 즉, 모든 아두이노는 Arduino software(IDE)를 사용하여 프로그램을 작성하므로 어느 경우나 프로그램의 작성 방법은 동일하다. 따라서 사용 목적에 맞는 아두이노를 선정하여 그 아두이노의 물리적 특성을 파악한 후, Arduino software로 프로그래밍하면 원하는 동작을 하게 할 수 있다. 우선 이 개발툴을 설치하기 위해서 인터넷에 접속하여 다음의 사이트에 접속한다.

웹사이트 : http ://www.arduino.cc

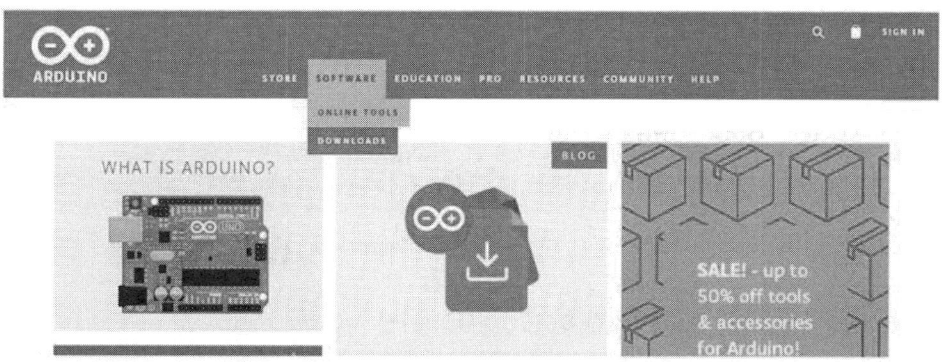

그림 6-6 아두이노 웹사이트

아두이노 사이트의 메인 화면 상단의 [SOFTWARE] - [DOWNLOAD]를 클릭하면 그림과 같은 Download 영역에서 오른쪽에 보면 여러 가지 컴퓨터 운영 체계가 나오는데 사용하고 있는 컴퓨터의 운영 체계에 맞는 IDE을 선택하여 설치하면 된다.

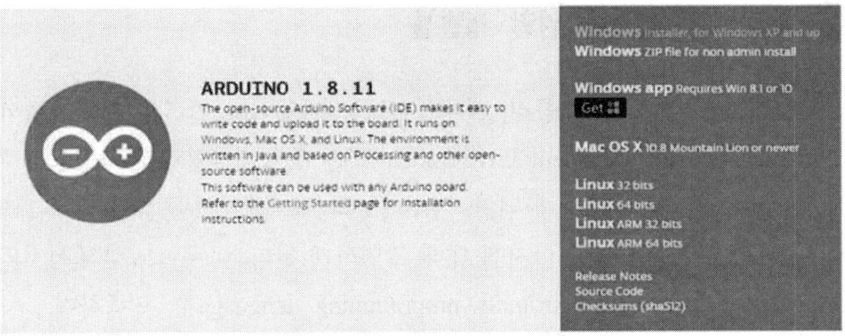

그림 6-7 아두이노 웹 사이트

여기서는 일반적으로 많이 사용하는 “Windows Installer for windowxp and up”를 선택하면 다음 그림과 같은 화면이 나오는데

그림 6-8 아두이노 웹 사이트

좀 더 나은 제품 개발을 위해 기부를 하고 Download 할 것인지 아니면 그냥 Download를 할 것인지를 묻는 내용이 나온다. 우리는 “Just Download”를 선택하기로 한다.

“JUST DOWNLOAD”를 클릭하면 다음과 같이 설치프로그램이 다운로드 되는 것을 볼 수 있다.

그림 6-9 실행 창

다운로드가 완료되었으면 설치를 위하여 실행 파일을 더블클릭하면 사용 조건에 동의할 것인지를 묻는 설치화면 창이 뜬다.

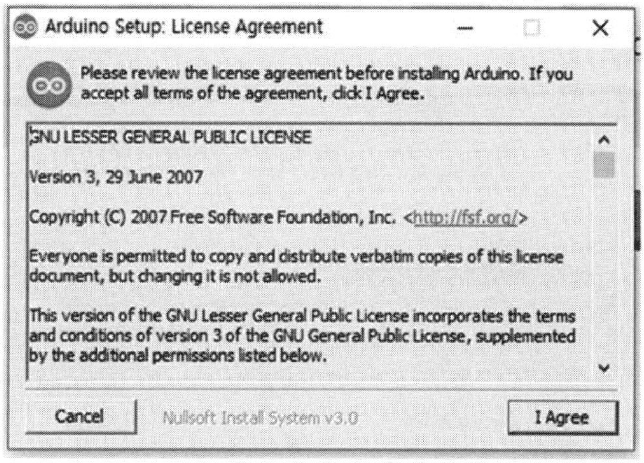

그림 6-10 아두이노 다운로드 창

설치를 계속 진행하기 위하여 "I Agree" 버튼을 클릭하면 "Arduino Setup: Installation Options" 창이 뜨는데 기본 상태로 둔 상태에서 "Next" 버튼을 클릭한다.

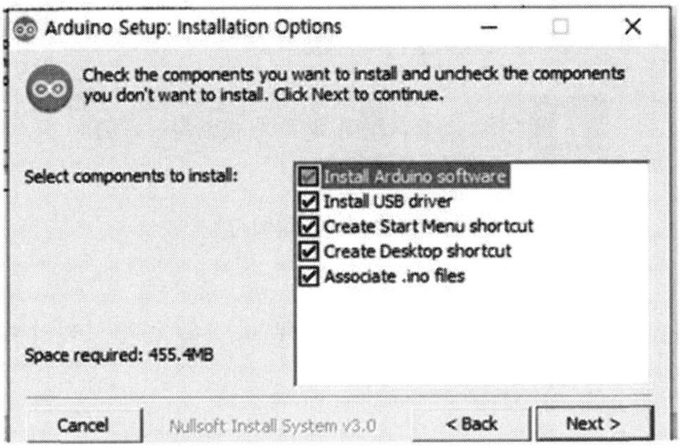

그림 6-11 아두이노 다운로드 창(1)

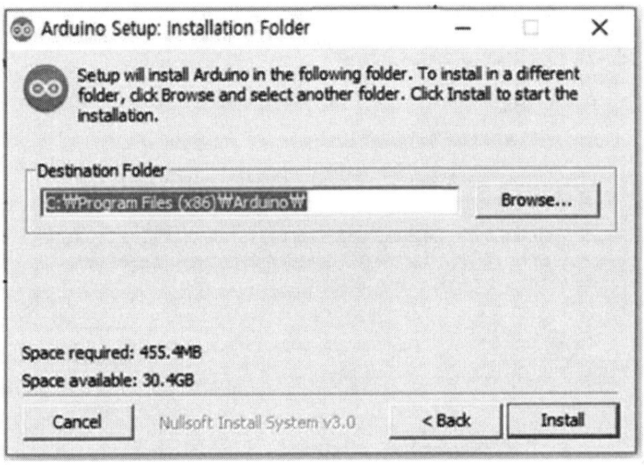

그림 6-12 아두이노 다운로드 창(2)

다음으로 설치할 폴더를 묻는 "Arduino Setup: Installation Folder" 창이 뜨는데 이것도 기본 상태로 둔 채 "Install" 버튼을 선택한다.

"Install" 버튼을 클릭하면 그림 6-13과 같이 설치가 진행되는 것을 확인할 수 있으며, 설치진행이 완료되면 "Close" 버튼이 활성화되는데 이때 "Close" 버튼을 클릭하면 설치가 완료된다.

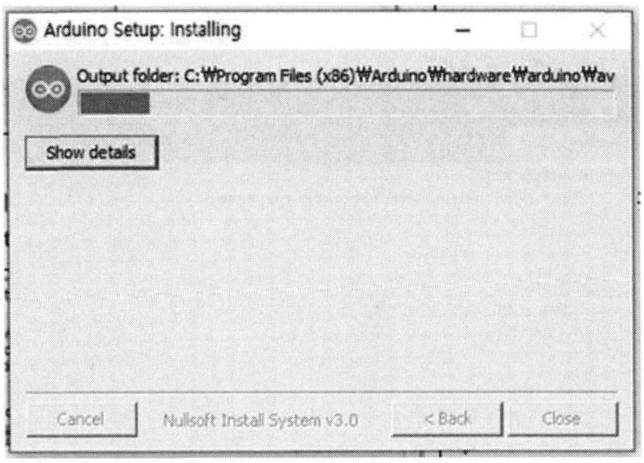

그림 6-13 아두이노 다운로드 창(3)

컴퓨터 바탕화면을 보면 다음 그림과 같은 아이콘이 생성되었음을 확인할 수 있다.

그림 6-14 아두이노 아이콘

아이콘을 클릭하면 아두이노 IDE 창이 아래와 같이 활성화되며, 프로그램을 시작할 수 있는 준비가 완료된다.

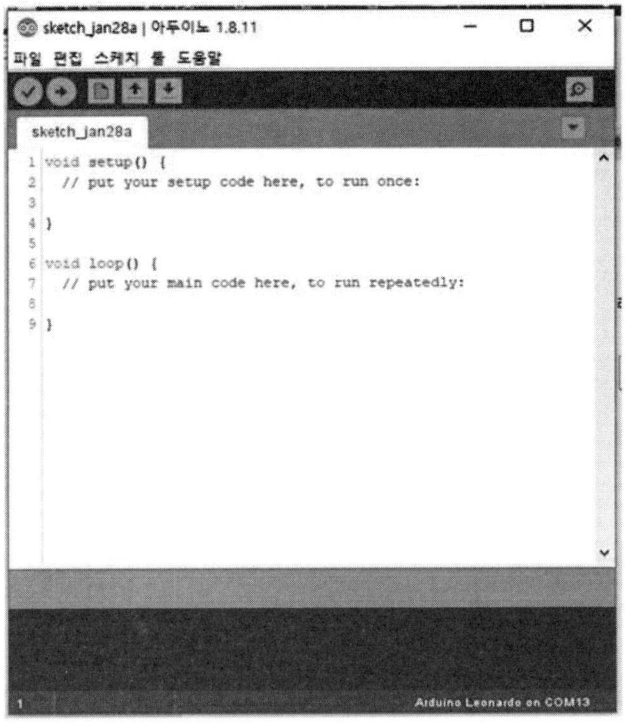

그림 6-15 아두이노 실행 화면

6.3 아두이노 프로그래밍을 위한 C언어 핵심정리

아두이노 프로그램을 작성하는 코딩언어의 표준은 C와 C++이다. 그 이유는 C언어가 메모리를 가장 효율적으로 사용하므로 작은 용량의 저장장치 밖에 가질 수 없는 마이크로컨트롤러에 가장 적합하기 때문이다. C언어는 1970년대 초에 Bell Laboratories의 Dennis Ritchie와 Ken Thomson에 의해 개발된 프로그래밍 언어로써, 시스템간의 호환성이 좋고 풍부한 연산자를 지원할 뿐만 아니라 C++이나 C#에 비해 가볍고 빠르다.

이 장에서는 코딩에 필요한 핵심적인 명령어들을 C언어를 가지고 설명한다.

[1] Setup() 함수와 loop() 함수

C언어를 가지고 프로그래밍을 하면, 새로 만들어진 빈 프로그램에 "int main()"라는 명령어가 항상 있는 것을 보게 된다. 이와 같이, 아두이노 IDE의 메뉴에서 "파일" ➜

"새 파일"을 클릭하면 프로그래밍을 할 수 있게 하는 빈 프로그램이 나오는데, 여기에는 항상 그림 6-15와 같은 "void setup()"과 "void loop()"이라는 함수가 나타난다. 이 함수들의 용도는 다음과 같다.

❶ Setup() 함수: 이 함수는 아두이노가 리셋(reset)되면 1번만 실행되는 함수로, 뒤에 작성할 프로그램들의 초기화와 관련된 내용들을 넣는 곳이다.

❷ Loop() 함수: 이 함수는 1번만 실행되는 setup() 함수와는 달리 계속 반복적으로 실행되는 함수이다. 따라서 제어를 목적으로 하는 명령어들은 이곳에서 작성하면 된다.

[2] 중괄호 { }

C언어에서 모든 함수의 명령어는 해당 중괄호안에서 작성되어야만 하듯이, 아두이노에서도 동일한 원칙이 적용된다. 따라서 아두이노도 해당 함수나 명령어와 관련해서 중괄호의 짝을 맞추는 것이 문법에러를 줄이는데 아주 중요하다. 그림 6-15를 보면 setup()과 loop() 아래에 중괄호 표시가 있음을 알 수 있다.

[4] 주석(comment)

주석은 프로그램의 수행에 영향을 미치지 않는 명령어로, 컴파일러가 주석문을 만나면 그 내용은 컴파일하지 않고 그냥 지나간다. 주석문을 사용하는 목적은 특정부분의 설명과 관리를 위한 것이다. 대개 프로그램은 작성하는 것보다 관리를 위한 document가 더 중요한 경우가 많다. 실무에서 최초로 작성된 프로그램이 수정 없이 계속 사용되는 경우는 거의 없기 때문에 변경이력 등을 기재한 document는 필수적이다. 이것은 아두이노에서도 필수적으로 적용되는 내용으로, 프로그램상의 중요한 것들에 대한 주석은 항상 달아주는 습관을 기르는 것이 좋다.

아두이노에서 허용하는 주석명령어는 "/* … */"와 "//"의 2가지이다.

❶ /* … */: 블록 주석이라고 하는데, "/*"와 "*/" 사이의 내용은 모두 주석으로 처리된다.

❷ //: 단일라인주석이라 부르며, "//"이후 그 줄의 끝까지를 주석으로 처리한다. 프로그램 중간 중간에 사용할 수 있는 주석인데, 코드에서 바로 확인할 수 없는 정보

를 주석으로 다는 것이 좋다.

그림 6-15를 보면, 각 함수아래에 "//"로 표시된 한 줄 주석을 볼 수 있다.

[4] 세미콜론(;)

C언어에서와 마찬가지로, 아두이노에서도 모든 명령어의 끝에 세미콜론을 붙여야 한다. 세미콜론은 문장의 마침을 표현하므로, 명령어를 구분하는 핵심적인 상징이다. 명령어의 끝에 세미콜론을 붙이지 않으면 컴파일 에러가 발생한다. 주의할 것은 중괄호 뒤에는 세미콜론을 붙이면 안 된다는 것이다.

[5] 변수와 상수

1) 변수(variables)

컴퓨터의 주기억장치에 저장된 데이터의 위치를 추상적으로 표현하는 방법이다. 프로그램은 CPU(Cenrtal Processing Uint : 중앙처리장치)에 의해서 실행되나 사용하는 데이터는 주기억장치(main memory)에 있게 된다. 그런데 CPU는 주기억장치에 저장된 데이터를 사용하기 위하여 모든 데이터의 주소를 기억할 수 없기 때문에, 주기억장치의 데이터를 변수라는 형식으로 이름을 지어 사용토록 하는 것이다. 변수는 사용하기 전에 다음의 형식으로 "어떤 이름의 변수를 어떤 형(type)으로 사용할 것인지"를 선언하여야 한다.

[변수 선언 형식] Type의 종류 변수명;

예 no라는 변수를 정수형으로 선언할 경우 : int no;

변수이름은 식별자(identifier)와 같이 이름과 관련된 기본적인 규칙을 지켜야 컴파일러가 오류를 보고하지 않는다.

필수 규칙

- 변수의 이름은 영문자와 숫자, 밑줄문자(_)들로만 구성되어야 한다.
- 변수의 첫 글자는 반드시 영문자이거나 밑줄문자이어야 한다. 변수의 이름은 숫자로 시작할 수 없다.

- 대소문자를 구별한다. “yes”와 “YES”는 다른 변수이다.
- 예약어(reserved words)는 변수명으로 사용할 수 없다.

권장 규칙

- 변수이름, 함수이름 등의 심벌은 직관적으로 기억하기 쉬운 이름을 고른다.
- 변수나 함수의 이름으로 해당하는 기능을 연상할 수 있는 단어를 선택한다.
- 2개 이상의 단어를 조합해서 사용할 경우에는 읽기 쉽게 하기 위하여 앞의 단어는 소문자로, 뒤의 단어는 대문자로 시작하는 것이 일반적이다.

  예 localWeather, numberOfWorker

주요 변수들

아두이노 프로그램에서 주로 사용하는 변수는 다음 표와 같다.

색 변수 형(type)	크기(Byte)	허용범위	비고(사용 예)
void		함수의 선언에 사용	자신을 호출한 함수에 반환할 정보가 없음을 나타냄
char	1	문자	char w = ‘A’; char st = “star”;
byte	1	0~255(부호없는 수)	byte D = 15;
unsignedchar	1	0~255(부호없는 수)	unsignedchar ch = 200;
short	2	-32,768 ~ 32,767 (정수 표시)	shorts D = -234;
int			int no = 234;
long	4	-2,147,483,648 ~ 2,147,483,647 (정수 표시)	long longD = 123456789;
float	4	-3.4028235 × 1038 ~ 3.4028235 × 1038 (실수 표시)	float real = 20.45;
double			double dreal = 11235.567;
unsignedint	2	0 ~ 65,535 (부호없는 정수)	unsignedint usi = 12345;
word			word wDta = 12345;
unsignedlong	4	0 ~ 294,967,295 (부호없는 정수)	unsignedlong uslD = 1234567;
bool	1	True or false	bool bDta = false;

변수의 범위(scope)와 생존기간(life time)

변수는 접근 가능 범위에 따라 전역변수(global variables)와 지역변수(local variables)로 구분된다. 전역변수는 프로그램의 모든 함수에서 사용할 수 변수로, setup() 함수의 앞 부분에서 선언하여야 한다. 변수가 많을 때는 서브 파일을 만들어 변수만 별도로 선언해 두는 것도 좋은 방법이다. 반면에 지역변수는 특정 함수나 블록내에서 선언되고, 그 안에서만 사용할 수 있는 변수이다. 지역변수는 명시적으로 초기화하지 않으면 그 안에 이상한 값들이 들어 있어 예상치 못한 결과를 가져오므로 초기화에 주의하여야 한다.

전역변수와 지역변수의 생존기간과 접근가능영역은 다음의 표를 참조하기 바란다.

항목	전역변수	지역변수
생존기간	프로그램 실행시작부터 종료시까지	함수(블록)의 실행시작부터 종료시까지
접근영역	프로그램의 어느 곳에서나 사용할 수 있다.	변수가 선언된 블록내에서만 사용할 수 있다.
할당되는 메모리 영역	데이터 영역	스택 영역
초기값	프로그래머가 별도로 초기화하지 않으면 컴파일러에 의해 자동으로 0으로 초기화 된다.	컴파일러에 의해 자동으로 0으로 초기화되지 않는다.

참고로 지역변수를 전역변수로 사용하고 싶을 경우에는 변수 앞에 “static”라는 명령어를 붙이면 된다. 이 명령어를 사용하면 함수나 블록의 호출 및 종료 후에도 변수값은 보존된다. 변수를 읽기 전용으로 사용하려고 하면, 변수 앞에 “const”라는 명령어를 붙이면 된다.

2) 상수(constant)

상수란 프로그램이 실행되는 동안에 변하지 않는 수이다. 우리가 일반적으로 사용하는 정수, 실수, 문자 등의 자료형 상수들이 있다. 아두이노의 연산에 주로 사용되는 상수들은 다음과 같다.

HIGH/LOW : 핀(pin)이 취할 수 있는 유일한 2가지 값이다.

- HIGH
  - 핀을 입력으로 설정한 경우는 5V 보드에서는 입력 전압이 3V이상이거나, 3.3V 보드의 경우는 2V 이상 일 때 HIGH로 인식한다.
  - 핀을 출력으로 설정한 경우는 5V와 3.3V를 출력한다.
- LOW
  - 핀을 입력으로 설정한 경우는 5V 보드에서는 입력 전압이 1.5V 이하이거나, 3.3V 보드의 경우는 1V 이하 일 때 LOW로 인식한다.
  - 핀을 출력으로 설정한 경우는 0V를 출력한다.

False/true: 참과 거짓을 표현하는데 사용한다.

- false
  - 정수로 환산하면 0이다.
- true
  - 정수로 환산하면 0이 아닌 모든 정수이다.

상수를 정의하는 또 다른 방법이 있는데, 그것은 프로그램의 앞부분에서 선언하는 "#define" 명령어를 사용하는 것이다. 이 때 명령어의 마지막에 세미콜론을 붙이면 안 된다. 사용 방법은 다음과 같다.

```
#define 상수이름 상수값
```

예 #define LED_1 5

[6] 함수

함수(function)는 프로그램에서 필요한 특정한 기능을 별도로 분리하여 구현한 것으로 구조적인 프로그래밍을 위해서는 반드시 필요한 개념이다. 함수에는 두 종류가 있는데 아두이노 IDE에서 제공하는 함수를 '라이브러리 함수'라고 하고, 필요에 의해 직접 만든 함수를 '사용자정의 함수'라고 한다.

함수의 기본적인 문법은 다음과 같다.

```
반환형(type) 함수이름(매개변수1, 매개변수2, …) {
변수선언문
        함수의 바디
        return 반환값;
}
```

1) 반환형

함수의 리턴값(반환값)의 데이터 형태로 int, char, long 등 변수의 타입을 선언한다. 반환값이 없을 경우는 void를 입력하면 되고, 그럴 경우는 return을 사용하지 않아도 된다.

2) 함수이름

자신이 원하는 이름으로 설정한다. 동일한 이름의 함수를 2개 이상 사용할 수 없고, 변수이름을 설정할 때와 같은 규칙을 적용받는다.

3) 매개변수

함수의 구동에 필요한 데이터들이 들어있는 변수들의 리스트로, 여러 개의 매개변수가 있을 경우는 콤마(,)를 이용해서 나열한다.

4) 변수선언문

함수내에서 사용할 지역변수를 선언한다.

5) 함수의 바디

함수에서 처리해야할 명령어들의 집합

6) 반환값

함수가 실행된 다음과 반환하는 값으로 상수나 변수가 가능하나 앞에서 정의한 반환형의 형태가 되어야 한다.

여기서는 대표적인 라이브러리 함수들을 몇 가지 소개한다.

디지털 I/O

1) pinMode()

- 디지털 값을 읽거나(입력) 쓰기(출력)를 위하여 특정 핀을 입력 또는 출력으로 설정하는 함수이다.
- 사용방법은 다음과 같다.

```
pinMode(pin, mode);
```

① pin: mode를 설정하고자 하는 핀의 번호

② mode: INPUT, OUTPUT, INPUT_PULLUP중의 하나

예 pinMode(5, OUTPUT);

2) digitalWrite()

- 데이터를 출력하는 함수로 해당 핀에 'HIGH" 또는 "LOW"를 출력한다.
- 사용방법은 다음과 같다.

```
digitalWrite(pin, value);
```

① pin: 출력하고자 하는 핀의 번호

② value: HIGH, LOW중의 하나

예 digitalWrite(5, HIGH);

3) digitalRead()

- 데이터 입력값을 읽어오는 함수로, "HIGH" 또는 "LOW"를 읽어 온다.
- 사용방법은 다음과 같다.

```
digitalRead(pin);
```

① pin: 읽어 오고자 하는 핀의 번호

예 digitalRead(6);

아날로그 I/O

1) analogRead()

- 아날로그 핀에서만 사용 가능하고,지정된 아날로그 핀에서 변환된 값을 읽어 오는 함수이다.
- 10bit 아날로그-디지털 변환기(Analog to Digital Converter; ADC)는 0에서 5V사이의 입력전압을 0에서 1023사이의 정수값으로 표현하고, 최대 읽기속도는 1초에 약 10,000회 정도이다.
- 사용방법은 다음과 같다.

```
analoglRead(pin);
```

① pin: 읽어 오고자 하는 핀의 번호

예 analogRead(A4);

2) analogWrite()

- 아날로그 신호를 출력할 때 사용하는 함수로, 지정된 핀에 펄스폭변조(Pulse Width Modulation;PWM)값을 출력한다.
- 아두이노보드는 디지털보드이어서 원칙적으로 아날로그 값을 표현할 수 없다. 디지털보드에서 아날로그 값을 표현할 수 있는 방법이 PWM인데, 아두이노에서는

이 방법을 사용하여 아날로그 값을 나타낸다. PWM에 대한 자세한 내용은 뒷 장의 참고편을 읽어 보기 바란다.

• 사용방법은 다음과 같다.

analoglWrite(pin, value);

① pin: 우노 보드에서는 3, 5, 6, 9, 10, 11번 중 하나를 선택하면 된다.

② value: 아날로그 값. 디폴트인 경우 최대값은 256이므로 0~256사이의 값만 허용됨.

예 analogWrite(10, 128);

참고로 함수나 상수 등을 외부 파일에서 정의한 다음 "#include" 지시문을 사용하면 프로그램내에서 외부의 함수나 상수들을 사용할 수 있다. 프로그램의 최상단에 위치하여야 하고 사용방법은 다음과 같다.

#include <파일명> or #include "파일명"

예 #include <Ref.h> or #include "Ref.h"

시간관련 함수

1) millis()

• 현재의 프로그램이 시작된 이후의 시간을 ms단위로 반환한다.

• 이 값은 약 50일 이후에 다시 0으로 된다.

2) micros()

• 현재의 프로그램이 시작된 이후의 시간을 ㎲단위로 반환한다.

• 이 값은 약 70분 이후 다시 0으로 된다.

3) delay()

• 프로그램상에서 지정한 ms의 시간만큼 프로그램을 일시 중지시킨다.

• delay(value)의 형태로 사용한다.

예 delay(1000); // 1초간 중지

4) delayMicroseconds()

- 프로그램상에서 지정한 ㎲의 시간만큼 프로그램을 일시 중지시킨다.
- delayMicroseconds(value)의 형태로 사용한다.

예 delayMicroseconds(100);

시리얼(Serial) 통신 관련 함수

컴퓨터 혹은 외부기기와의 통신은 아두이노를 이용하여 프로젝트를 수행할 때 필수적인 요소이다. 아두이노는 관련 라이브러리 함수들을 이용하여 시리얼 통신, I^2C / TWI 통신, SPI 통신, Bluetooth 통신 등 여러 가지 통신을 할 수 있다. 여기서는 아두이노에 기본적으로 내장된 시리얼통신과 관련한 주요 함수들을 소개한다.

먼저 시리얼 통신의 개념에 대해서 살펴보자. 그림 6-16과 같이 시리얼(serial)은 직렬이라는 뜻으로 시리얼통신은 연속적으로 통신채널이나 컴퓨터 버스를 거쳐 한 번에 하나의 비트 단위로 데이터를 전송하는 직렬통신을 말한다.

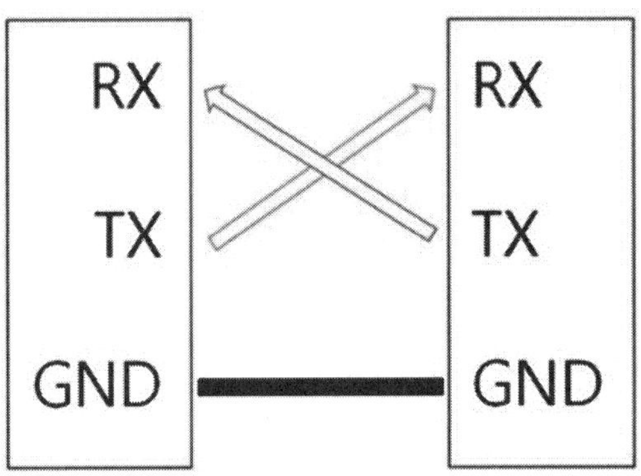

그림 6-16 시리얼 통신 개념도

아두이노는 Serial 통신기능과 이를 사용하기 위한 함수를 내장하고 있는데, 이것을 하드웨어 시리얼(Hardware Serial)이라고 한다. 그림 6-17과 같이 하드웨어 시리얼용으로 디지털 0, 1번 핀이 예약되어 있는데(우노 보드 기준) 다음 아두이노 우노 보드를 보면 붉은 색 사각형안에 0번, 1번 핀이 RX, TX 라고 표시되어 있는 것을 알 수 있다. 이 핀들이 Serial 통신에서 사용되는 데이터 RX(수신)과 TX(송신) 용 핀이다. 물론 0, 1번 핀을 PC가 아닌 다른 모듈과의 Serial 통신에도 사용할 수 있지만, 여기서는 PC와 USB로 연결해서 사용될 때를 기준으로 설명하기로 한다.

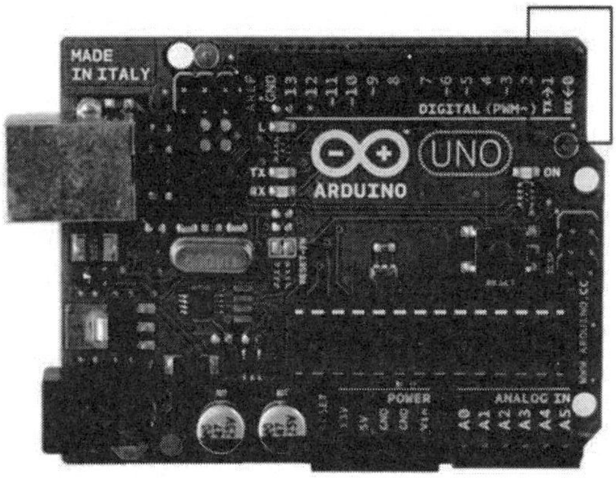

그림 6-17 아두이노 우노에서의 하드웨어 시리얼

다음으로 통신속도를 나타내는 단위인 보레이트(baud rate)에 대해서 알아보자. 보레이트는 직렬(serial)전송의 변조속도를 1초간에 전송되는 신호의 수로 나타낸 것인데 단위는 bps(bit per second)이다. 통신속도에 크게 영향을 받지 않는 경우에 일반적으로 9,600bps를 사용한다. 아두이노에서는 300 ~ 250,000bps까지 지원하지만, Serial 라이브러리에서는 115,200bps까지 지원하므로 이 숫자를 초과해서는 안 된다.

1) Serial.begin()

- Serial이라는 라이브러리에서 제공하는 함수를 사용하므로, 사용하고자 하는 함수의 이름 앞에 클래스이름인 "Serial."을 붙여야 한다. 그 이유는 객체지향 프로그래밍 기법인 C++을 공부하면 알 수 있다.
- 이 함수는 시리얼 통신의 시작을 알리는 것으로 setup() 함수에서 정의되어야 한다. 괄호안의 매개변수는 전송속도인데 보통은 9,600bps를 입력한다. 여기서 지정한 통신 속도와 Serial 통신으로 연결되는 상대방의 속도를 반드시 일치시켜야 한다는 것을 명심하여야 한다. 여기서는 USB를 통해 PC와 연결되므로 아두이노

IDE-Serial Monitor에 설정된 통신 속도가 일치해야 한다. 시리얼 모니터(Serial Monitor)를 실행해보면 하단부에 통신 속도를 선택할 수 있는 옵션이 있다.

- 사용방법은 다음과 같다.

```
Serial.begin(통신속도);
```

예 Serial.begin(9600);

2) Serial.print()

- 시리얼 통신의 데이터를 출력한다. 출력값은 시리얼 모니터에서 확인이 가능하다.
- 사용방법은 다음과 같다.

```
Serial.print(출력값);
```

예 Serial.print("strider"); ➜ 출력 결과: strider

3) Serial.println()

- 앞의 print함수와 동일하며 출력 이후 개행문자(₩n)를 추가로 출력한다.

4) Serial.available()

- 시리얼포트에 수신되어 저장되어 있는 데이터의 바이트 수를 반환한다. 시리얼포트로 수신된 데이터는 64바이트까지 버퍼에 저장된다.
- 시리얼 통신으로 데이터를 받았는지 확인할 때 많이 쓰이며, 데이터를 받았다면 데이터의 개수를, 받지 않았다면 0을 반환한다.

5) Serial.read()

- 시리얼 수신버퍼에서 첫 번째 문자를 읽어 반환한다. 수신버퍼가 비어 있으면 -1을 반환한다.
- 읽은 문자는 10진 ASCII코드 값인 숫자로 반환한다.

```
Serial.println(Serial.read());
delay(500);
→ 출력값은 65임.
```

예 A를 입력한 경우 ➜ 출력값은 65임(A의 아스키코드값이 65이므로)

6) Serial.end()

• 시리얼통신을 종료할 때 사용한다.

[7] 반복문

반복문은 어떠한 명령을 여러 번 수행하고자 할 때 쓰인다. 여기서는 for, while 명령어에 대해서만 설명한다.

1) for 문

• 반복 횟수를 명확히 알 수 있을 때나, 반복 횟수가 정해져 있을 때 유용하다.
• 사용방법은 다음과 같다.

```
for (초기값; 조건절; 처리함수) {
        //반복해서 수행할 명령
}
```

예 1부터 100까지 더하는 경우

```
int Sum = 0;
for (int i=1; i<=100; ++i) {
Sum += i;
}
```

2) while 문

- 반복횟수가 정해지지 않거나, 어떤 조건에 따라 반복횟수가 정해질 때 사용한다.
- 조건이 참이면 중괄호내의 명령어를 반복적으로 실행하게 하는 명령어이다.
- 사용방법은 다음과 같다.

```
while (조건절) {
    // 반복수행되어야하는 명령
}
```

예 1부터 100까지 더하는 경우

```
int i = 0;
int Sum = 0;
while ( i<=100) {
i ++;
Sum += i;
}
```

[8] break 문과 continue 문

- break 문은 해당 프로그림 수행 시 반복 구조의 실행을 중단하고 탈출할 때 사용되며, continue 문은 해당 프로그림 전체나 일부를 수행하지 않고 다음 번째 반복으로 이동하는데 사용된다.

[9] 조건문

대부분의 프로그램은 값의 비교를 통해서 작업의 수행을 분할하는 일을 하게 되는데 이때 사용되는 명령어가 조건문이다. 이러한 조건문에는 if 문과 switch 문이 있다.

1) if 문

• 사용방법은 다음과 같다.

```
if (조건을 판단하기 위한 연산식) {
    // 조건을 만족할 때 실행하는 명령
}
else {
    //조건을 만족하지 않을 때 사용하는 명령
}
```

2) switch … case 문

• if 문은 yes나 No를 판단하는 명령인데 비하여, 이 명령어는 여러 가지 조건들을 선택할 수 있게 하는 명령어이다.
• 사용방법은 다음과 같다.

```
switch (변수) {
case 변수의 값1:
        //조건을 만족하였을 때 실행하는 명령
        break;
case 변수의 값2:
        //조건을 만족하였을 때 실행하는 명령
        break;
…………………………………………….
default:
    //만족하는 조건이 없을 때 실행하는 명령
```

```
}
```

예 다음 장에서 작성할 소금쟁이 제어 프로그램을 참조하기 바람.

[10] 연산자

연산자(operator)란 실제 연산(계산)에 사용되는 기호들을 의미한다. 연산자는 산술연산자, 논리연산자, 관계연산자, 비트(bit)연산자의 4그룹으로 크게 분류 된다.

1) 산술연산자

연산자	의미	사용 예	설명
=	대입	A = 3;	변수A에 3을 대입(할당)한다.
+	더하기	A = 3+5;	A의 값은 8이다.
-	빼기	A = 5-3;	A의 값은 2이다.
*	곱하기	A = 5*3;	A의 값은 15이다.
/	나누기	A = 6/3;	A의 값은 2이다.
%	나머지	A =5%3;	A의 값은 2이다.

2) 관계연산자

연산자	의미	사용 예	의미
>	크다	5 > 3	True
>=	크거나 같다	5 >= 3	True
<	작다	5 < 3	False
<=	작거나 같다	5 <= 3	False
==	같다	5 == 3	False(앞의 대입연산자 =와 구별 요망)
!=	다르다	5! = 3	True

3) 논리연산자

연산자	의미	사용 예	의미
&&	논리적 AND	(5 > 3) & (4 < 3)	False
||	논리적 OR	(5 > 3) || (4 < 3)	True
!	논리적 NOT	!(5 > 3)	False

4) 비트연산자

- 다음 숫자를 예제로 사용한다.

  byte a = 42; // = 0 × 2A(16진법) = 0b00101010(2진법)

  byte b = 105; // = 0 × 69(16진법) = 0b01101001(2진법)

연산자	의미	사용 예	의미
&	비트단위 AND	C = a&b	C의 값은 40 = 0 × 28 = 0b00101000
|	비트단위 OR	C = a|b	C의 값은 107 = 0 × 6B = 0b01101011
~	비트단위 NOT	C = ~a	C의 값은 213= 0 × D5 = 0b11010101
^	비트단위 XOR	C = a^b	C의 값은 67= 0 × 43 = 0b01000011
<<	비트단위 왼쪽으로 이동	C = a<<2	C의 값은 168 = 0 × A8 = 0b10101000 (a의 비트를 오른쪽에서 왼쪽으로 2개 이동하고 빈자리는 0으로 채움)
>>	비트단위 오른쪽으로 이동	C = a>>2	C의 값은 10 = 0 × 0A = 0b00001010 (a의 비트를 왼쪽에서 오른쪽으로 2개 이동하고 빈자리는 0으로 채움)

5) 복합연산자

- C언어의 특징적인 연산자로 잘 기억해두기 바람.

	연산자	사용 예	등가식	의미
산술연산	+=	c+ = 5	c = c+5	c에 5가 더해져서 그 결과가 c에 저장된다.
	-=	c- = 5	c = c-5	c에 5가 빼져서 그 결과가 c에 저장된다.
	*=	c* = 2	c = c*2	c에 2가 곱해져서 그 결과가 c에 저장된다.
	/=	c/ = 2	c = c/2	c가 2로 나누어지고 그 결과가 c에 저장된다.
	++	c++	c = c+1	c에 1이 더해져서 그 결과가 c에 저장된다.
	--	c--	c = c-1	c에 1이 빼져서 그 결과가 c에 저장된다.
비트연산	&=	c& = a	c = c&a	c의 값은 c와 a가 AND 연산값이다.
	|=	c| = a	c = c|a	c의 값은 c와 a가 OR 연산값이다.
	^=	c^ = a	c = c^a	c의 값은 c와 a가 XOR 연산값이다.

이상으로 아두이노 프로그램밍에 기본적인 명령어들을 설명하였다. 시간이 나면 배열이나 구조체, 포인터 등의 명령어들도 공부를 해놓으면 수준 높은 프로그램을 짜는데 많은 도움을 줄 것이다.

6.4 간단한 소금쟁이 로봇 구동 프로그램 코딩 해보기

소금쟁이 로봇의 구동을 위한 코딩을 시작하기 전에 우선 간단한 전기 회로를 꾸며보고 이 회로의 작동 과정을 통해 아두이노의 프로그램 방법을 이해하도록 하자.

준비물

브레드 보드	1개
아두이노 우노 보드	1개
LED	2개
점퍼선 케이블	다수

아두이노Uno

브레드 보드

Jumper 선

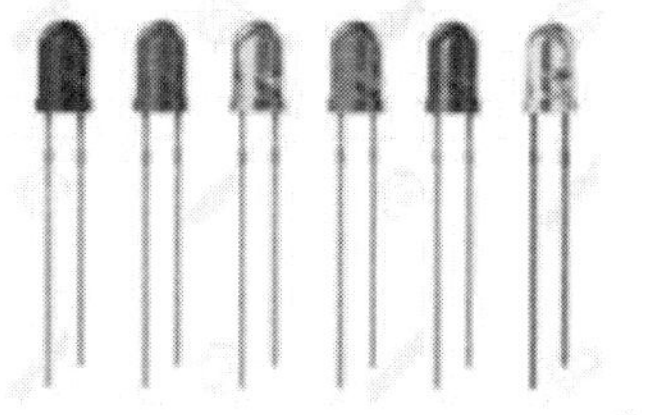

LED

그림 6-18 아두이노 LED 제어 준비물

먼저 LED에 대해 설명해보자.

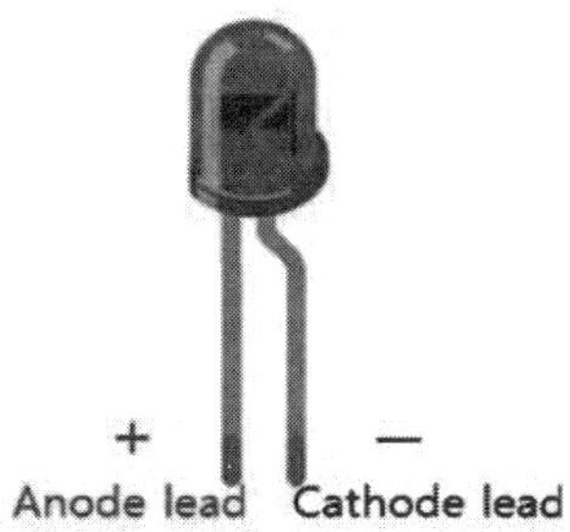

그림 6-19 LED

발광다이오드라고 불리는 LED(light emitting diode)는 전류를 빛 에너지로 전환하는 기본적인 반도체 소자중의 하나이다. 다이오드는 한 쪽 방향으로만 전류가 흐르는 반도체 소자이므로 LED에 순방향으로 전압을 가해야만 빛을 낼 수 있다. 그림 6-19와 같이 LED는 2개의 전극 단자로 구성되어 있고, 각 단자는 극성을 가지고 있다. LED를 보면 2개의 다리 중 긴 다리가 (+)극이고 짧은 다리가 (-)극이다. 뒤에서 회로 꾸밀

때 LED의 (+)극과 (-)극을 바꿔서 연결하면 정상적으로 작동 하지 않으므로 주의를 요한다.

LED의 작동 원리는 옴의 법칙으로 설명할 수 있다.

전압(V)

일정한 전기장에서 단위 전하를 한 지점에서 다른 지점으로 이동하는데 필요한 에너지로 단위는 V(볼트)이다.

전류(I)

전하의 흐름으로, 정량적으로는 단면을 통하여 단위 시간 당 흐르는 전하의 양으로 단위는 A(암페어)이다.

저항(R)

물체에 전류가 흐를 때 전류의 흐름을 방해하는 요소로 단위는 Ω(옴)이다.

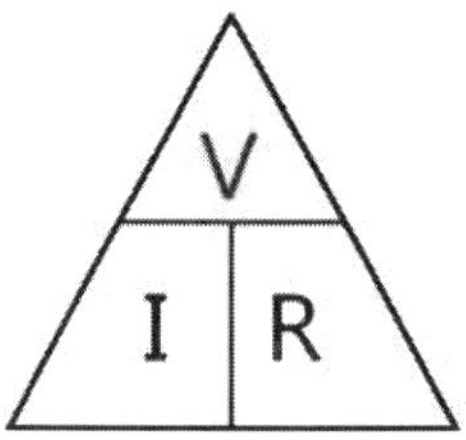

$V = IR$
$I = V/R$
$R = V/I$

위의 식은 옴의 법칙이며, 옴의 법칙은 회로에서 전압, 전류, 저항 사이의 관계를 나타낸다. 이 법칙은 1826년 독일의 과학자 게오르크 옴(Georg Simon Ohm)에 의해 발견되었다.

전기회로에서 전압이 커지면 같은 LED라도 밝기가 밝아지고 전압이 같더라도 저항이 커지면 밝기는 어두워진다. 전압은 전류가 잘 흐르도록 도와주는 비례 관계이고 저항은 전류의 흐름을 방해하는 존재이기 때문이다. 옴의 법칙에서도 알 수 있듯이 전압, 전류, 저항 사이의 관계는 전류의 세기는 전압에 비례하고, 저항에 반비례한다.

저항은 전류의 흐름을 조절해 전자 부품이 과전류에 의해 손상되는 것을 막아주는 역할을 한다. 아두이노 우노에는 기본적으로 5V의 전압이 출력되며 저항을 연결해 아두이노 우노에서 출력되는 전압을 조절할 수 있다. 아두이노에서 사용되는 LED는 1.7V의 전압과 10mA의 전류를 가진다. LED의 정격전압 7V와 아두이노의 우노의 출력 전압 5V를 고려하여, 옴의 법칙으로 계산한 적절한 저항은 330Ω이다.

이제 준비물이 완료되었으면 다음 그림 6-20과 같이 브레드보드에 2개의 LED를 꽂아 넣고 점퍼선을 이용하여 1개의 LED에 연결을 해보자. LED의 (+)선은 아두이노 우노 보드의 13번 핀에 꽂고, LED의 (-)에 연결된 점퍼선은 아두이노 우노의 "GND" 라고 연결된 핀에 꽂는다.

(아두이노 우노에는 "GND"가 3개 있는데 어떤 것을 이용해도 괜찮다.)

기본적으로 아두이노 우노를 이용하여 LED를 작동시킬 수 있는 회로는 완료되었다.

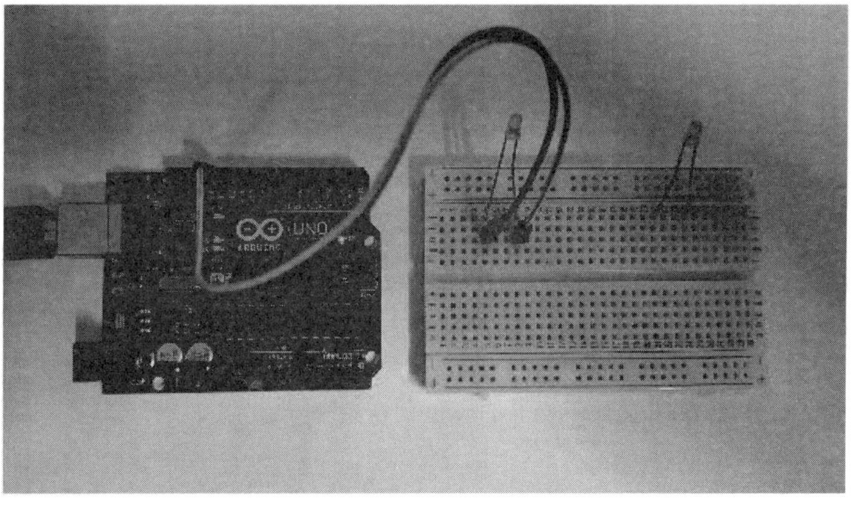

그림 6-20 아두이노 LED 제어 회로도

이제부터는 LED를 작동시키는 프로그램을 작성해보자.

우선 컴퓨터 바탕 화면에 있는 아두이노 아이콘을 클릭하여 다음 그림 6-21처럼 프로그램을 활성화한다.

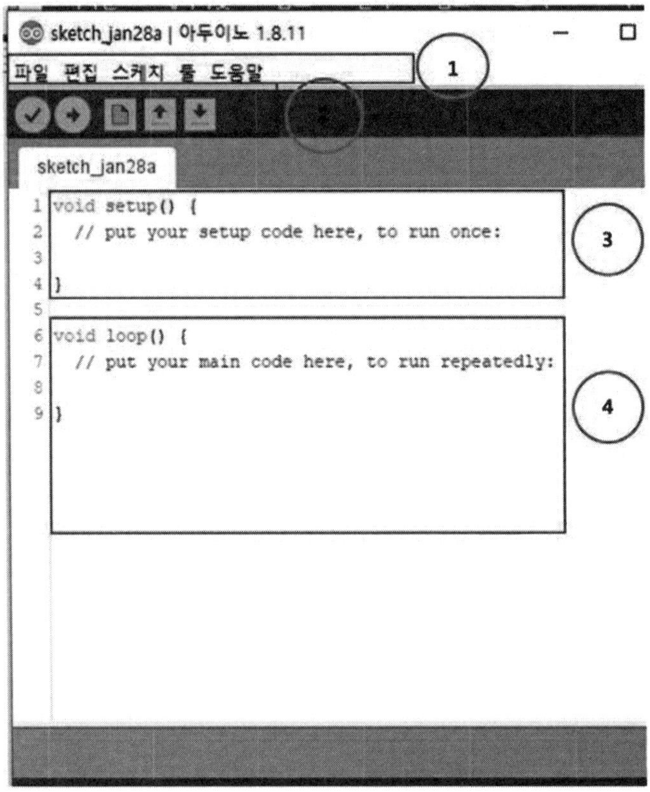

그림 6-21 아두이노 실행 화면

그림 6-21과 같이 아두이노 프로그램 개발 환경은 4개의 영역으로 구분되어 있는데, 각 영역의 특징은 다음과 같다.

- 첫째, 파일 메뉴를 포함한 Pull Down 메뉴 영역,
- 둘째, 아이콘 영역,
- 셋째, 아두이노 하드웨어의 설정을 직접 코딩할 수 있는 Setup() 함수 영역,
- 넷째, 대상 하드웨어를 작동시키는 프로그램을 코딩하는 loop() 함수 영역.

우선적으로 그림 6-22와 같이 연결된 회로에서 LED 하나를 On-Off 시키는 코드를 작성하면서 아두이노 개발툴의 메뉴 사용법에 대해 설명하도록 하자.

먼저 ③영역에 있는 setup() 함수 안에 들어가서 다음 그림과 같이 입력을 한다. 여

기서 pinMode(13, OUTPUT)은 pin 번호 13번을 출력(OUTPUT)으로 설정한다는 것을 의미한다. 앞에서 우리는 LED의 긴다리(+)를 아두이노의 13번 Pin에 연결하였다.

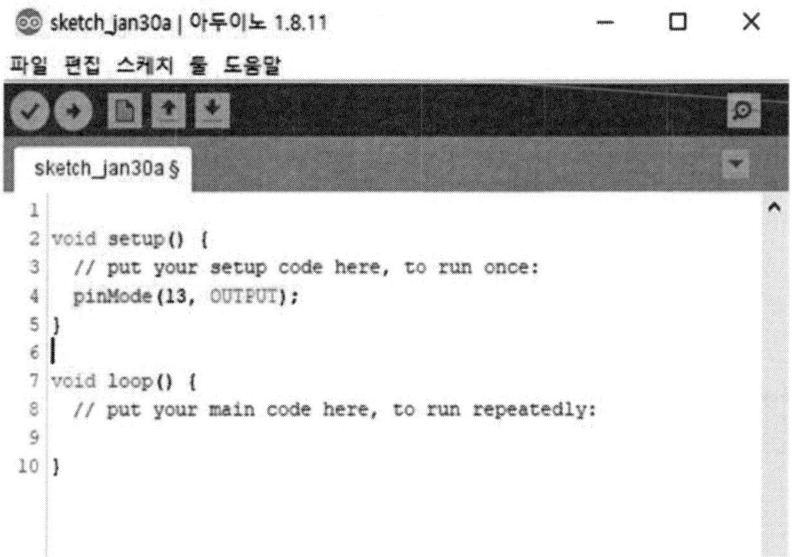

그림 6-22 아두이노 LED 제어 코드(1)

이제 하드웨어 설정이 완료되었다. 이제는 LED를 켤 수 있도록 하는 프로그램이 실행되는 loop() 함수에 가서 그림 6-23과 같이 코딩한다.

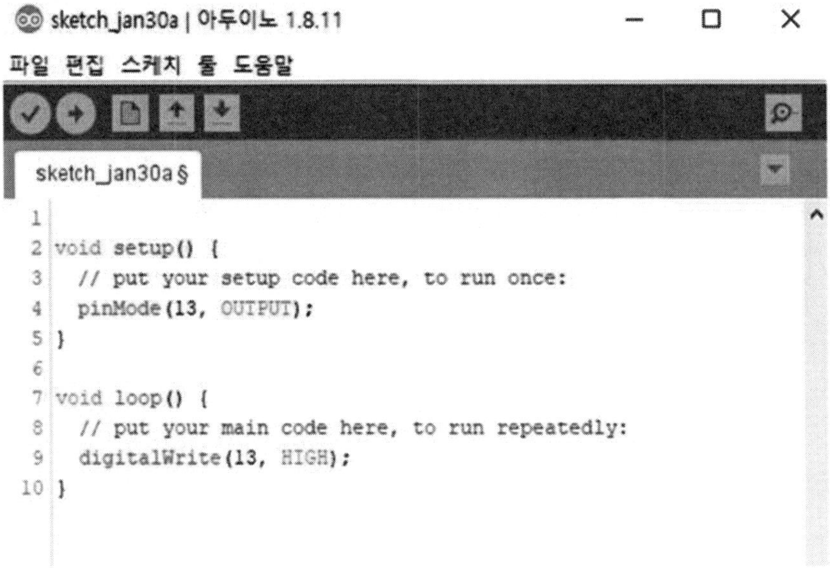

그림 6-23 아두이노 LED 제어 코드(2)

이제 구성된 회로의 LED를 ON 시키는 코드를 완성하였다.

이렇게 완성된 코드가 작동할 수 있도록 프로그램을 컴파일하고 아두이노의 메모리에 업로드 하는 작업을 진행할 것이다. 우선 컴파일과 업로드 전에 ① 영역의 pull down 메뉴에서 "툴"을 선택한 후 아두이노 보드 및 시리얼 포트의 설정을 확인하는 작업을 다음과 같이 진행해야 한다.

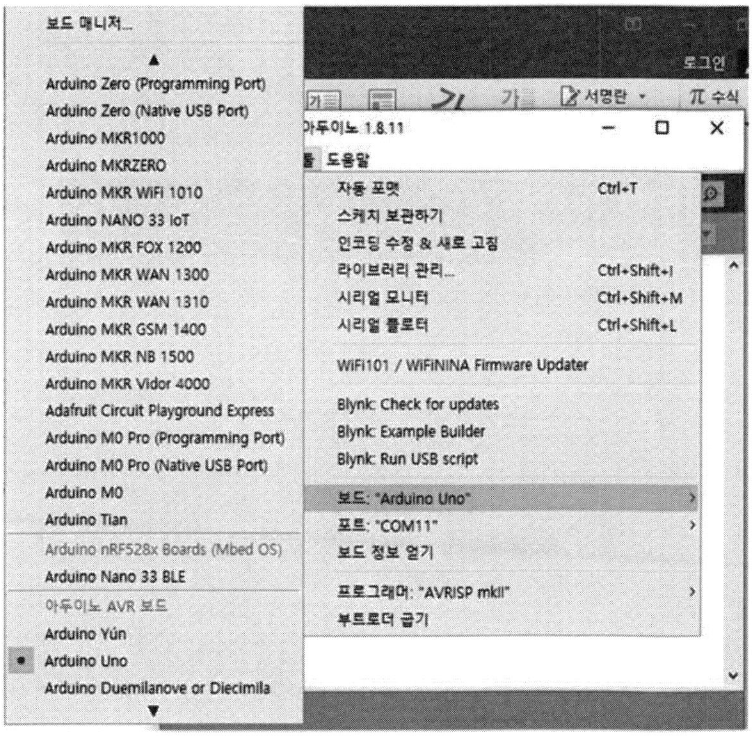

그림 6-24 아두이노 보드 설정

우선 “툴” 메뉴 아래에 있는 “보드”에 가서 우리가 사용하는 아두이노 보드의 종류를 선택한다. 현재 우리가 사용하는 보드는 아두이노 우노 이므로 “Arduino Uno”를 선택한다.

다음으로 포트 설정을 위하여 “툴 ➜ 포트”를 선택, 그림 6-25와 같이 “Arduino Uno”라고 표시되어 있는 포트를 선택한다.

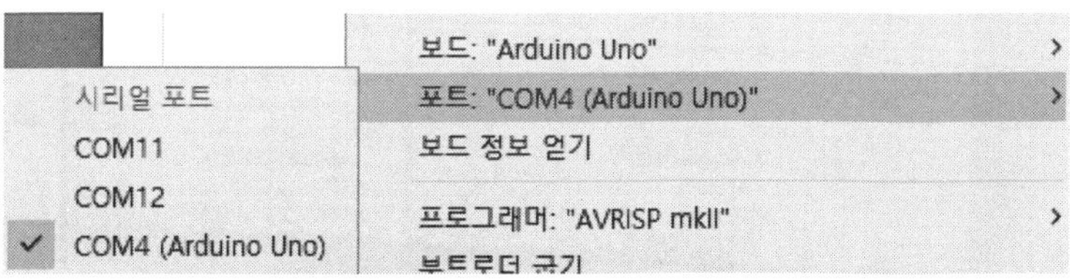

그림 6-25 아두이노 포트 설정

이로써 프로그램을 컴파일하고 업로드할 준비가 완료되었다.

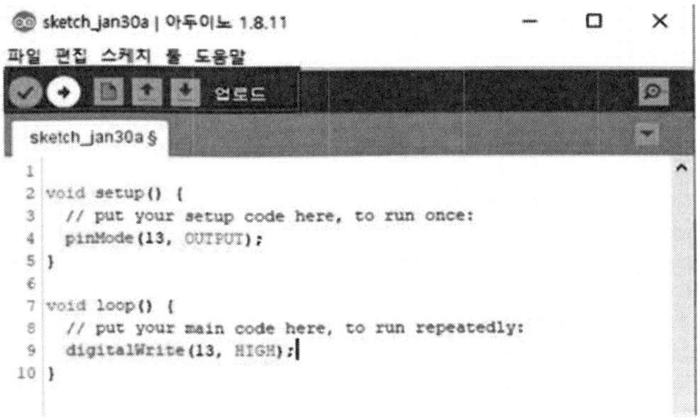

그림 6-26 아두이노 코드 업로드

그림 6-26과 같이 화살표시 아이콘에 마우스를 올려 놓으면 “업로드”라는 글자가 나타난다. 이 화살표를 클릭하면 파일명을 저장하라는 창이 뜨는데 여기서 우리는 그림 6-27처럼 파일명을 “LED1” 이라고 입력하고 “저장” 버튼을 누르면 컴파일과 업로드가 수행된 후, 그림 6-28과 같이 “업로드 완료” 라는 화면이 뜨고 LED가 켜진 것을 확인할 수 있다(그림 6-29 참조).

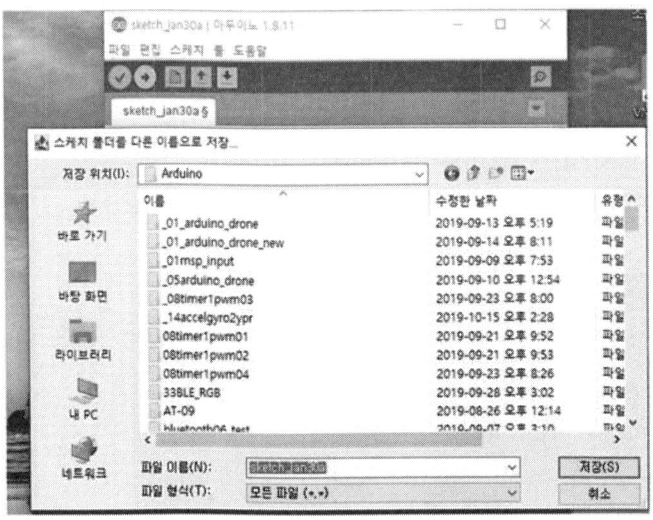

그림 6-27 아두이노 코드 저장

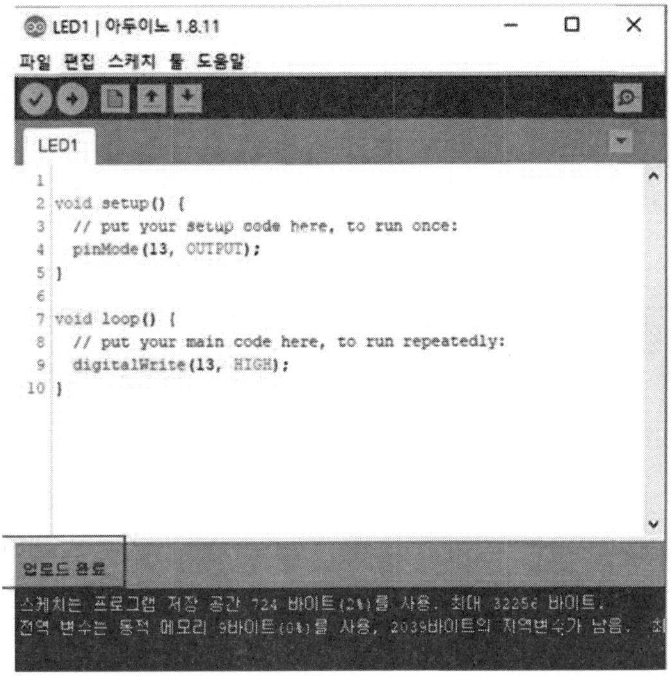

그림 6-28 아두이노 LED 제어 코드 업로드 완료

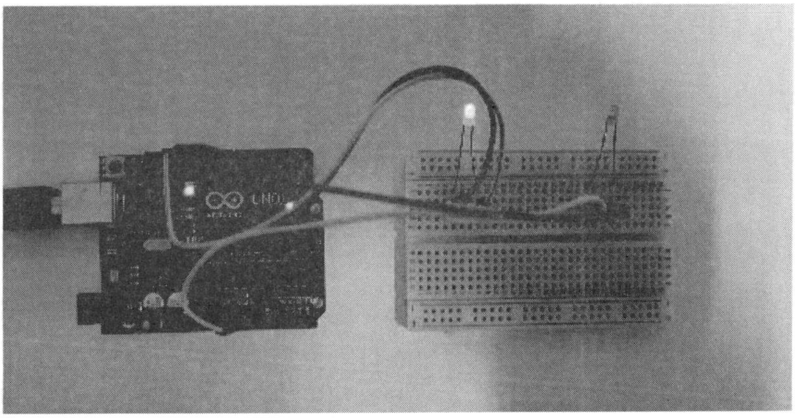

그림 6-29 아두이노 LED 제어 코드 업로드 후

우리는 간단하게 단 2줄의 코딩으로 LED 1개를 켤 수 있었다. 이제 준비된 다른 1개의 LED를 작동시키기 위하여 브레드보드에 회로를 꾸민 후, 앞에서 만든 코드를 그대로 활용해서 코딩을 한다. 우선 준비된 점퍼선 2개를 가지고 한 선은 두 번째 LED

의 긴 다리쪽에 연결하고 반대쪽은 아두이노의 12 Pin에 연결한다. 나머지 한 선은 LED의 짧은 다리에 연결하고 반대쪽은 “GND” 라고 표시된 핀에 연결한다.

이제 앞에서 만든 “LED1.ino” 창에 가서 다음의 그림 6-30과 같이 코드를 추가하고 앞의 예와 동일한 방법으로 컴파일과 업로드를 진행한다.

LED1 §

```

void setup() {
  // put your setup code here, to run once:
  pinMode(13, OUTPUT);
  pinMode(12, OUTPUT);
}

void loop() {
  // put your main code here, to run repeatedly:
  digitalWrite(13, HIGH);
  digitalWrite(12, HIGH);
}
```

그림 6-30 아두이노 LED 제어 코드(3)

컴파일과 업로드가 완료되면 그림 6-31과 같이 두 번째 LED도 켜진 것을 확인할 수 있다.

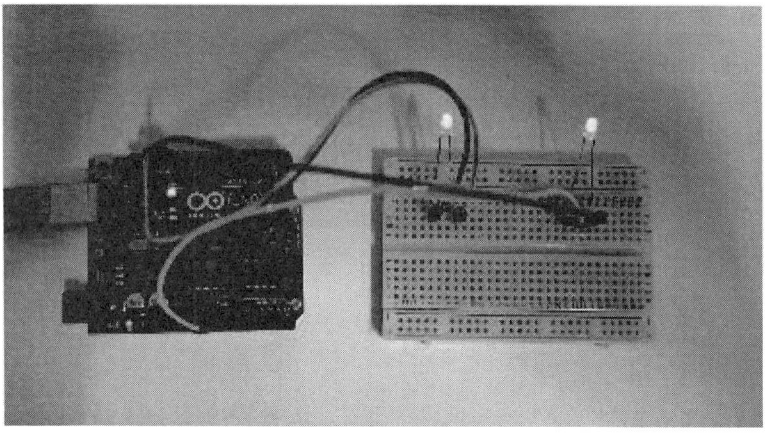

그림 6-31 아두이노 LED 제어 코드(3) 업로드 후

그럼 이제 우리는 2개의 LED를 소금쟁이 구동에 사용되는 소형 DC 모터로 대체해서 모터를 작동시키는 코딩을 해보자.

우선 아두이노 우노의 USB 케이블을 분리하여 전원을 차단한다. 그리고 다음 그림 6-32와 같이 모터를 LED를 제거한 핀에 그대로 연결한다. 이때 모터의 빨간선은 LED의 긴 다리 쪽에 꽂고 검은선은 짧은 다리가 꽂힌 핀 자리에 꽂는다.

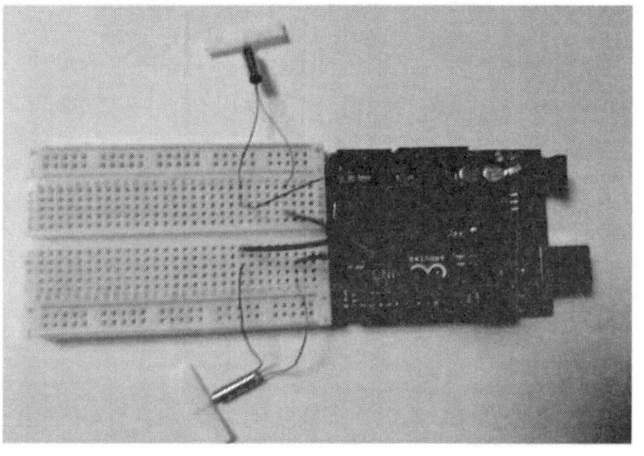

그림 6-32 아두이노 DC Motor 회로도

연결을 완료하였으면 아두이노 우노의 USB 케이블을 그림 6-33처럼 다시 연결하여, 2개의 모터가 정상적으로 작동되는지 확인한다.

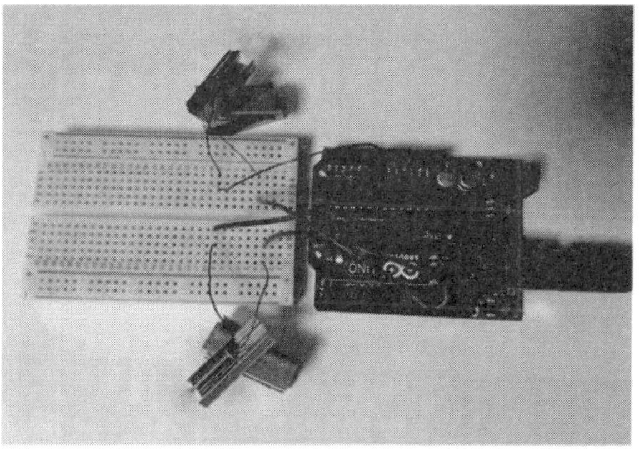

그림 6-33 아두이노 DC Motor 케이블 연결 후

이렇게 하면 2개의 모터가 정상적으로 작동되는 것을 확인할 수 있을 것이다. 그런데 전원이 공급되는 상태에서는 작동되는 LED나 모터를 멈출 방법이 없다. 그럼 LED나 모터를 제어할 수 있는 프로그램을 추가해 보자. 이제 지금까지 만든 2개의 LED 작동 프로그램에 그림 6-34와 같은 코드를 입력한다.

```
void loop() {
  // put your main code here, to run repeatedly:
  digitalWrite(13, HIGH);
  digitalWrite(12, HIGH);
  delay(6000);
  digitalWrite(13, LOW);
  digitalWrite(12, LOW);
  delay(6000);
}
```

그림 6-34 아두이노 DC Motor on-off를 위한 코드

코딩이 완료되었으면 앞에서와 같은 방법으로 새로 수정한 프로그램을 컴파일하고 업로드한다.

업로드가 완료되면 2개의 LED가 ON되고 잠시 뒤 다시 LED가 OFF 되는 것을 확인할 수 있다. 아마 6초 정도 LED가 ON 되었다가 LED가 OFF되고 다시 6초 뒤 LED가 ON, OFF가 반복되는 것을 확인할 수 있다.

여기서 delay() 함수의 사용법을 알 수 있다. 주어진 수만큼(1초 = 1000밀리초) 어떤 동작을 진행하는 것을 의미한다. 이러한 delay() 함수는 시간을 제어하는 함수이니 자주 사용될 것이다.

6.5 아두이노와 시리얼 통신을 위한 프로그램 코딩하기

그림 6-35 아두이노 보드 RX, TX

아두이노 보드에 작성한 코드를 업로드 하기 위해선 컴퓨터와 아두이노 보드 사이에 데이터를 주고 받는 과정이 필요하다. 이 과정은 그림 6-35의 아두이노 보드에 있는 0번과 1번 핀에서 이루어진다. 0번과 1번 핀 옆에는 RX, TX라고 표시되어 있고 이것은 각각 Receive Data와 Transmit Data의 약자로 데이터를 주고 받는 것을 뜻한다. 아두이노 보드와 컴퓨터가 데이터를 주고 받을 때 컴퓨터에서 보내는 신호는 RX를 통해 아두이노 보드가 받아들이며, 아두이노 보드에서 보내는 신호는 TX를 통해 컴퓨터가 받아들인다.

통신의 종류에는 크게 병렬 통신과 직렬 통신 있으며, 병렬 통신은 한꺼번에 데이터를 전송하지만 통신 거리가 짧고 직렬 통신은 하나의 비트 단위로 데이터를 전송하지만 통신 거리가 길다. 아두이노에서는 직렬 통신인 Serial 통신을 사용한다.

직렬이라는 뜻인 Serial은 연속적으로 통신 채널이나 버스를 거쳐 1번에 하나의 비트 단위로 데이터를 전송하는 과정을 말한다.

지금부터는 Serial 통신을 하기 위한 간단한 코드를 그림 6-36과 같이 작성해보자.

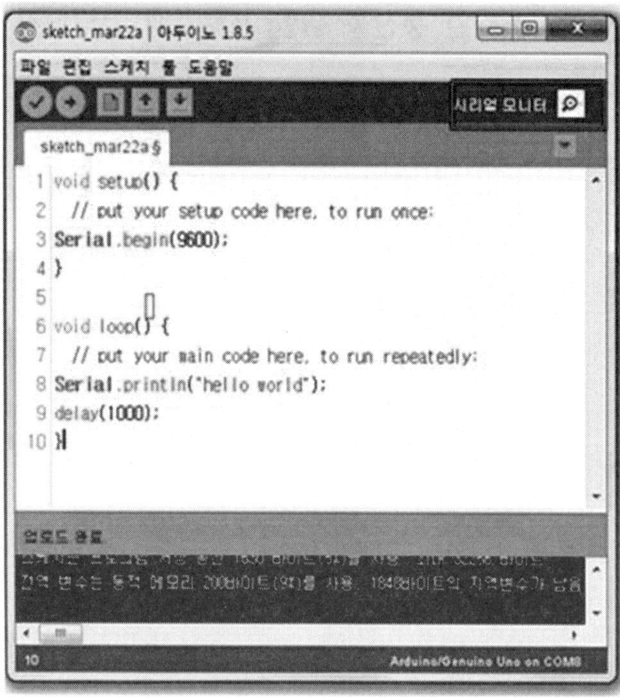

그림 6-36 Serial 통신 코드

"Serial.begin(9600);"란 코드는 시리얼 통신의 시작을 선언하는 코드이다. 괄호 안의 숫자는 통신속도이며, 직렬 전송의 변조 속도를 1초간에 전송되는 신호의 수로 나타낸 값을 말한다. 단위는 bps이며, 일반적으로 9,600bps 값을 사용한다. 통신 속도가 높으면 속도가 빠르지만 데이터 수신에 문제가 발생할 수 있다.

"Serial.println("");"란 코드는 괄호안의 문장을 시리얼 모니터에 출력하게 하는 코드이다. 괄호안의 문장을 1초마다 출력하기 위해 delay(); 명령어를 추가하였다.

코드를 업로드 한 후 시리얼 통신을 하기 위해선 시리얼 모니터가 필요하다. 시리얼 모니터는 그림 6-36의 우측상단에 빨간색 박스로 표시되어 있는 아이콘을 선택해 준다.

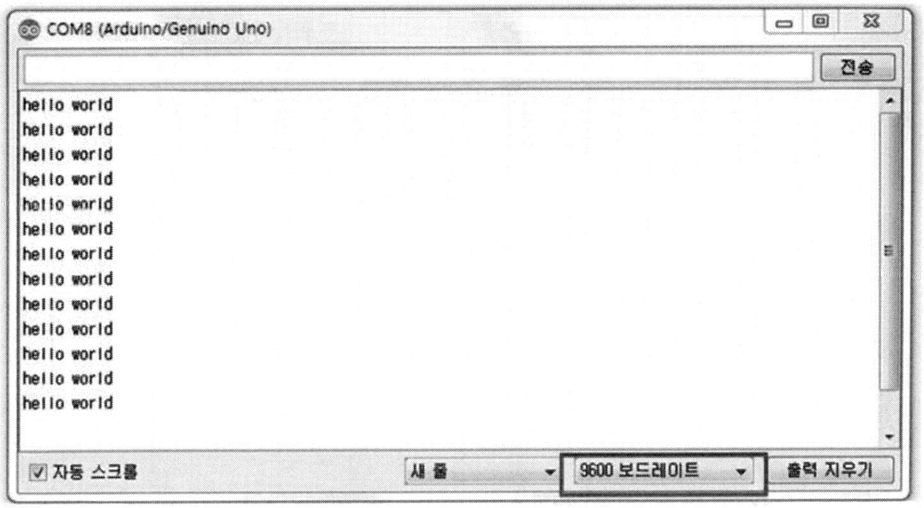

그림 6-37 시리얼 모니터(1)

그림 6-36에 있는 시리얼 모니터 아이콘을 선택하면 그림 6-37과 같은 창이 나타나며 이 창을 시리얼 모니터라고 한다. Serial.println(“”); 명령어안의 문장이 1초마다 출력되는 것을 확인할 수 있다. 시리얼 모니터와 아두이노 보드와의 통신에서 주의해야 할 점은 코드내의 통신 속도와 시리얼 모니터의 통신 속도가 같아야 한다는 점이다.

시리얼 모니터에서 입력한 데이터의 수를 시리얼 모니터에서 출력해 보자.

그림 6-38 Serial 통신 코드(2)

그림 6-38에서 사용한 "Serial.available();"란 명령어는 시리얼 모니터에 입력되는 데이터의 바이트 수를 반환해준다. 시리얼 포트로 수신된 데이터는 64바이트까지 버퍼에 저장된다. 시리얼 통신으로 받았는지 확인할 때 많이 쓰이며, 데이터를 받았다면 데이터 개수를 반환하고, 받지 않았다면 0을 반환해준다.

코드를 업로드 한 후 시리얼 모니터를 선택해준다.

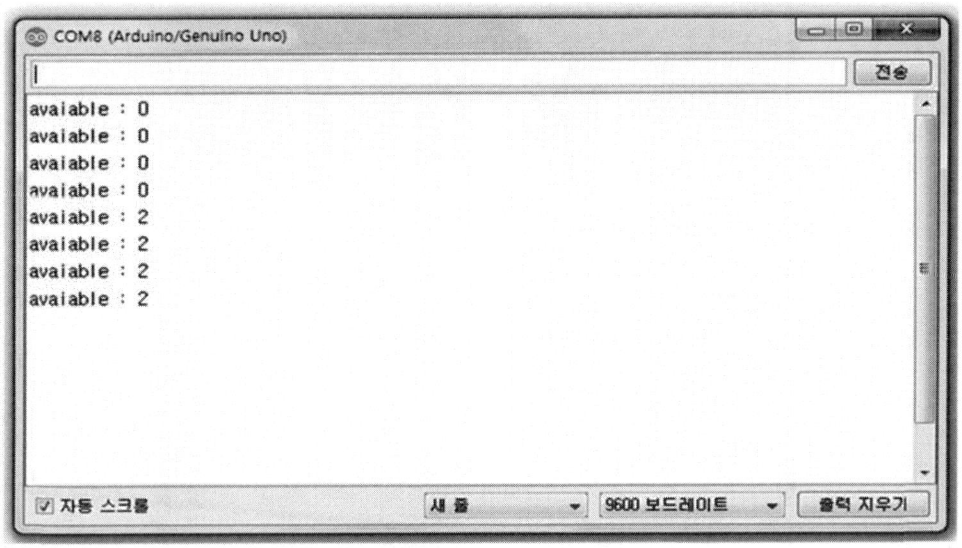

그림 6-39 시리얼 모니터(2)

시리얼 모니터에서는 그림 6-39처럼 괄호안의 문장이 출력됨과 동시에 반환되는 데이터도 출력된다. 데이터를 입력하지 않는다면 Serial.availablc(); 코드로 인해 0이 시리얼 모니터에 출력되며, ab라는 데이터를 입력 한다면 Serial.available(); 코드로 인해 2가 시리얼 모니터에 출력되는 것을 확인할 수 있다. 이 데이터들은 3초마다 출력된다.

시리얼 모니터에서 입력한 데이터를 읽어 시리얼 모니터에서 출력해 보자.

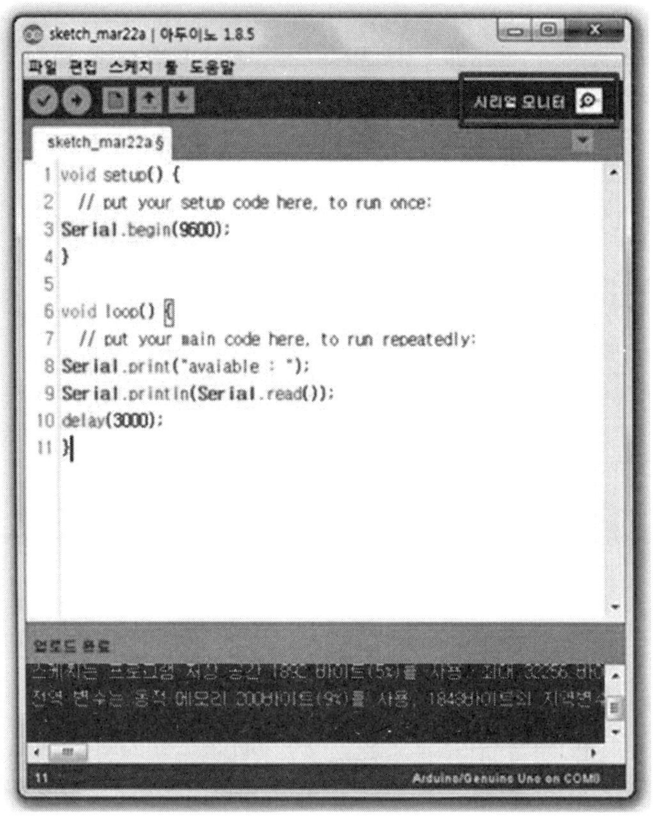

그림 6-40 시리얼 통신 코드(3)

그림 6-40의 "Serial.read();"라는 명령어는 입력되는 유효한 데이터의 첫 번째 바이트를 읽으며, 입력되는 데이터가 없는 경우 -1을 반환한다. 입력되는 데이터는 ASCII 값으로 출력된다.

코드를 업로드 한 후 시리얼 모니터를 선택해준다.

그림 6-41 시리얼 모니터(3)

시리얼 모니터에는 그림 6-41처럼 괄호안의 문장이 출력됨과 동시에 반환되는 데이터도 출력된다. 데이터를 입력하지 않는다면 Serial.read(); 코드로 인해 -1이 시리얼 모니터에 출력되며, A라는 데이터를 입력한다면 Serial.read(); 코드로 인해 65가 시리얼 모니터에 출력되는 것을 확인할 수 있다. 이 데이터들은 3초마다 출력된다.

이제 여러분들은 아두이노 프로그램을 사용하는 가장 기본적인 방법들을 실습해 보았다.

다음 장부터는 Bluetooth 통신을 이용하여 PC에서 무선으로 소금쟁이 로봇을 구동하는 과정을 학습하도록 하겠다.

CHAPTER 07

원격으로 소금쟁이 로봇 움직여 보기

7.1 소금쟁이 로봇 구동을 위한 모터 드라이버 살펴보기

앞에서 우리는 간단한 코딩 작업을 통해 소금쟁이 로봇을 실제로 구동하여 보았다. 앞에서 작성한 프로그램은 전진만을 할 수 있는 단순한 것이다. 사실 모든 생명체 혹은 자동차와 같은 운송 수단도 어떤 경우에는 후진도 해야 하고 좌회전도 해야 한다. 그럼 어떻게 소금쟁이를 전진, 후진 혹은 움직이는 방향을 바꿀 수 있을까?

결론은 간단하다. 후진을 위해서는 모터의 회전 방향을 바꾸어야 하고, 방향을 바꾸기 위해서는 2개의 모터로 구동하는 소금쟁이 로봇의 특성상 좌회전시에는 오른쪽 모터를 왼쪽 모터에 비해 느리게 회전시키면 되고 우회전시에는 반대로 작동시키면 된다.

이러한 역할을 해주는 것이 모터 드라이버라고 한다. 다음 그림 7-1과 같은 TB6612FNG Dual Motor Driver라는 것을 이용하여 소금쟁이 로봇의 움직임을 작동을 제어해 보도록 하자.

그림 7-1 TB6612FNG Dual Motor Driver

TB6612FNG 모터 드라이버는 2개의 DC모터를 제어 할 수 있으며, 연속적으로 1.2A의 전류를 공급한다. 2개의 모터 출력은 각각 제어가 가능하며, 각각의 모터의 속도는 PWM 입력신호에 의해 제어된다.

이 장에서는 TB6612FNG의 작동 원리에 대해서 간단히 설명하고자 한다.

다음 그림은 TB6612FNG의 블록다이아그램이다.

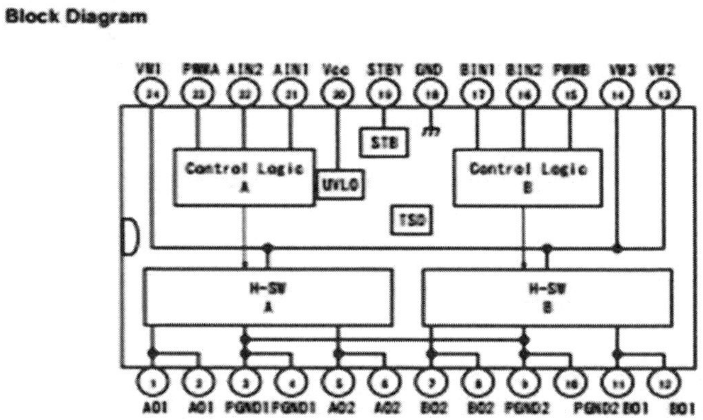

그림 7-2 TB6612FNG 블록다이아그램

다음 그림 7-3은 TB6612FNG에 있는 개별 핀의 기능을 보여준다.

Pin Functions

No.	Pin Name	I/O	Function
1	AO1	O	ch A output1
2	AO1		
3	PGND1	—	Power GND 1
4	PGND1		
5	AO2	O	ch A output2
6	AO2		
7	BO2	O	ch B output2
8	BO2		
9	PGND2	—	Power GND 2
10	PGND2		
11	BO1	O	ch B output1
12	BO1		
13	VM2	—	Motor supply (2.5 V to 13.5 V)
14	VM3		
15	PWMB	I	ch B PWM input / 200 kΩ pull-down at internal
16	BIN2	I	ch B input 2 / 200 kΩ pull-down at internal
17	BIN1	I	ch B input 1 / 200 kΩ pull-down at internal
18	GND	—	Small signal GND
19	STBY	I	"L"=standby / 200 kΩ pull-down at internal
20	Vcc	—	Small signal supply
21	AIN1	I	ch A input 1 / 200 kΩ pull-down at internal
22	AIN2	I	ch A input 2 / 200 kΩ pull-down at internal
23	PWMA	I	ch A PWM input / 200 kΩ pull-down at internal
24	VM1	—	Motor supply (2.5 V~13.5 V)

그림 7-3 TB6612FNG의 핀별 기능

아래의 그림 7-4는 드라이버에 내장되어 있는 H_SW의 제어 기능을 나타낸다.

H-SW Control Function

Input				Output		
IN1	IN2	PWM	STBY	OUT1	OUT2	Mode
H	H	H/L	H	L	L	Short brake
L	H	H	H	L	H	CCW
		L	H	L	L	Short brake
H	L	H	H	H	L	CW
		L	H	L	L	Short brake
L	L	H	H	OFF (High impedance)		Stop
H/L	H/L	H/L	L	OFF (High impedance)		Standby

그림 7-4 H_SW 제어 기능

우리가 여기서 사용할 제품은 그림 7-1과 같이 Pololu사의 TB6612FNG 드라이버로 AIN1, AIN2, BIN1, BIN2, PWMA, PWMB의 입력단과 AO1, AO2, BO1, BO2의 출

력단으로 구성되어 있다.

최종적으로 2개의 소형 DC모터가 각각 AO1, AO2와 BO1, BO2에 연결될 것이다.

다음 그림 7-5는 소금쟁이 로봇의 구동과 제어부분의 전체 회로도이다.

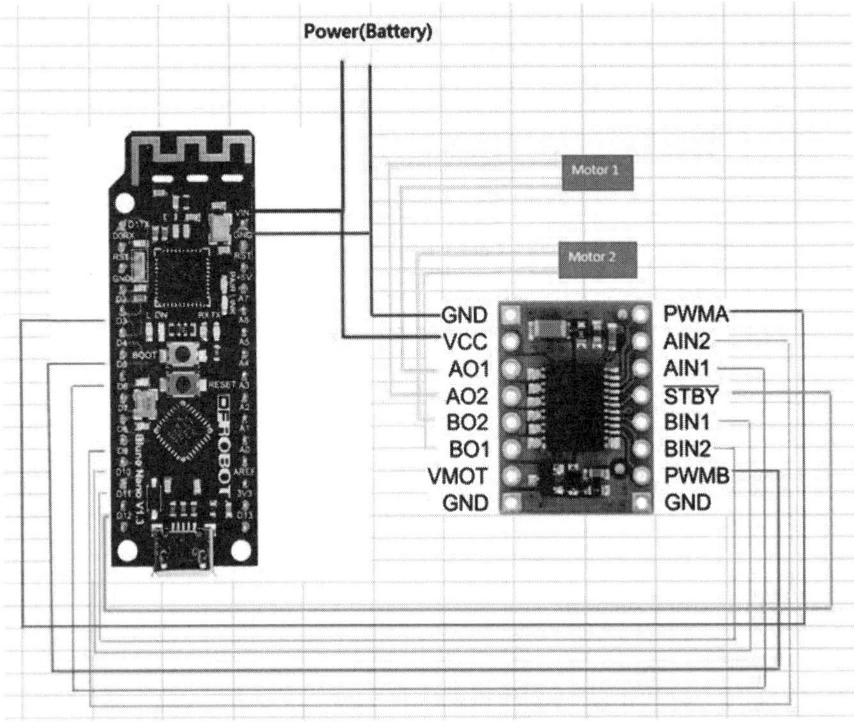

그림 7-5 소금쟁이 로봇의 구동과 제어부분

제어기인 블루노의 D3, D5, D6, D9, D10, D11은 PWM 출력 Pin으로서 그림 7-5의 회로도와 같이 D3, D5는 각각 PWMA, PWMB에 연결하고, D6, D9는 Motor1을 제어하는 AIN1, AIN2 입력 단자로, D10, D11은 Motor2를 제어하는 BIN1, BIN2의 입력 단자로 연결하였다.

또한 작동을 정지시키기 위하여 D12는 STBY에 연결하였으며, 전원(Battery)은 아두이노 보드의 VIN, GND로 연결하였다. 이상이 소금쟁이 로봇의 구동을 위한 기본적인 회로 구성이다.

이제부터는 그림 7-4의 H_SW표를 이용하여 소금쟁이 로봇의 자유로운 구동을 위한 프로그램 코딩 작업을 시작해 보자.

7.2 소금쟁이 로봇 구동을 위한 프로그램 코딩하기

블루나나노 보드는 우노보드에서 코딩을 하고 업로드하면 되므로 툴에서 별도의 보드를 가져오지 않는다. 여기서는 소금쟁이 로봇의 움직임을 제어하기 위한 코딩작업에 대해 설명한다. 먼저 전진, 후진, 좌회전, 우회전, 정지와 같은 기능 각각에 해당하는 함수를 선언해야 한다.

그러면 앞에서 얘기한 5개의 기능에 대한 함수들을 다음과 같이 선언하자.

❶ 전진 : goAhead()

❷ 후진 : goBack()

❸ 좌회전 : goLeft()

❹ 우회전 : goRight()

❺ 정지 : stop()

다음 그림 7-6과 같이 loop()을 구성하는 }밑에다 코딩하여 위의 함수들을 선언해준다.

```
void setup() {
  // put your setup code here, to run once:

}

void loop() {
  // put your main code here, to run repeatedly:

}

void goAhead(){
}
void goBack(){
}
void goLeft(){
}
void goRight(){
}
void Stop(){
}
```

그림 7-6 함수 선언

이제 본격적으로 앞 장에서 구성한 회로의 핀구성에 맞는 변수 설정 및 핀 설정을 선언해보자.

변수와 핀 설정은 다음 그림과 같이 setup() 함수 윗 부분에 작성하는 것이 나중에 디버깅하기에 편리하다. 값을 저장할 수 있는 메모리 공간에 붙여진 이름을 변수라고 한다. 앞에서 설명한 것과 같이 다양한 형식으로 변수 선언이 가능하다.

```
1
2  //motor 1 는 A01, A02에 연결
3  //motor 2 는 B01, B02에 연결
4
5  int STBY = 10; //stanby
6
7  //Motor 1
8  int PWMA = 3; //Speed control
9  int AIN1 = 9; //Direction
10 int AIN2 = 8; //Direction
11
12 //Motor 2
13 int PWMB = 5; //Speed control
14 int BIN1 = 11; //Direction
15 int BIN2 = 12; //Direction
16 int speed = 125; //Speed
17
18 void setup() {
19   // put your setup code here, to run once:
20
21 }
```

그림 7-7 변수와 핀 번호 선언 ➜ 핀 번호 변경

아두이노의 변수를 설정하기 위해선 변수형식의 종류를 알아야 한다. 변수형식에는 크게 변수에 대한 자세한 설명은 앞의 6.3장을 참조하라.

Pin 설정하기

- 5번 줄 : TB6612FNG Motor Driver의 구동을 대기 상태(standby)로 설정하는 것으로 HIGH이면 구동 상태이고 LOW로 설정하면 정지 상태가 된다.
- 8 ~ 10번 줄 : Motor 1의 속도와 방향을 설정하는 변수와 대응하는 핀번호
- 13 ~ 15번 줄 : Motor 2의 속도와 방향을 설정하는 변수와 대응하는 핀번호

속도에 대한 변수 설정

- 16번 줄 : 정수형의 변수 speed를 선언하고 초기값으로 125를 설정함.

* 여기서는 PWM(Pulse Width Modulation) 방식에 의한 속도 제어를 하므로, 제어 가능 구간인 0 ~ 255(2의8승) 범위의 중간값인 125를 초기값으로 설정함.

참고 PWM이란?

Pulse Width Modulation의 준말로 펄스의 폭을 컨트롤 하는 주기 제어방법이다. 출력되는 전압값을 일정한 비율(duty)동안은 High를 유지하고, 나머지는 Low를 출력하여 다음과 같은 사각파의 출력을 만들어 내는데, PWM을 사용하면 0V와 5V 사이의 아날로그 값을 모사할 수도 있으며, 제어 및 통신에서도 많이 사용된다.

PWM의 원리를 설명하기 전에 다음을 생각해보자. 알다시피 디지털 신호는 0(LOW)과 1(HIGH)의 2가지 상태만가질 수 있다. 그러면 어떻게 해서 이 2가지 상태를 가지고 다양한 값을 표현할 수 있을까?

이에 대한 답을 찾기 위하여 먼저 다음과 같은 예를 생각해보자. 모터에 5V의 전압을 10초 동안 인가했을 때 모터의 총 회전수가 100회라고 가정하면, 5V의 전압을 5초 동안 인가했을 때는 모터의 총 회전수는 50회가 될 것이다. 이번에는 모터에 5V의 전압을 인가한 후, 1초 동안 0V, 다음 1초 동안은 5V의 전압을 10초간 반복적으로 인가하였다고 하면, 결과적으로5V의 전압을 5초간 준 셈이므로 이론상 모터의 회전수는 총 50회가 될 것이다(그림 7-8참조).

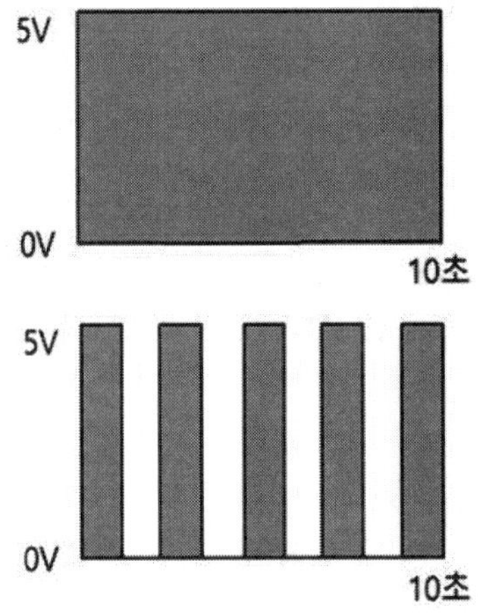

그림 7-8 PWM의 작동 원리

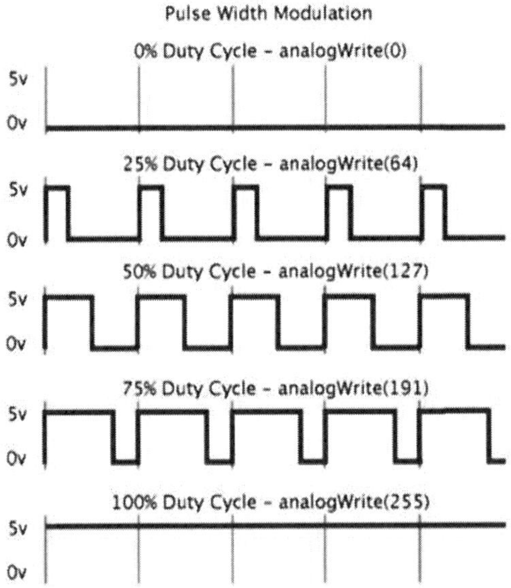

그림 7-9 PWM – Duty비 조절

그러면 이번에는 5V의 전압을 주는 시간과 0V의 전압을 주는 시간을 0.01초씩으로 하여 10초간 번갈아 주어 보면 결과적으로 앞의 예처럼 5V의 전압이 총 5초간 걸린 것과 동일하며 0V와 5V의 중간 값인 2.5V의 전압이 10초간 모터에 걸린 것과 같이 동작하게 된다. 즉, 모터의 회전 속도가 반으로 줄어들게 된다.

이렇게 5V의 전압을 거는 시간과 0V의 전압을 주는 시간의 비율이 1:1이면 평균

2.5V의 전압을 주는 것처럼 된다. 이처럼 이 비율을 조절하면 다양한 전압을 주는 것처럼 만들 수 있다.이 비율을 듀티(Duty) 비라고 한다. 우리가 여기서 사용하는 아두이노는 8bit처리를 하므로 2의 8승인 0~255까지의 다양한 값으로 그림 7-9처럼 듀티비를 조정할 수 있다.

이러한 방식으로 디지털 신호를 마치 아날로그 신호처럼 만들 수가 있어 모터의 속도나LED 불빛의 세기를 자유롭게 조절할 수 있다.

핀과 변수 설정을 완료하였으므로 지금부터는 Setup() 함수의 설정을 그림 7-10과 같이 코딩하자. setup() 함수 영역에서는 앞서 정의한 핀의 모드(출력) 및 통신 관련한 선언을 하여야 한다.

```
18 void setup() {
19   // put your setup code here, to run once:
20   pinMode(STBY, OUTPUT);
21   pinMode(PWMA, OUTPUT);
22   pinMode(AIN1, OUTPUT);
23   pinMode(AIN2, OUTPUT);
24   pinMode(PWMB, OUTPUT);
25   pinMode(BIN1, OUTPUT);
26   pinMode(BIN2, OUTPUT);
27   Serial.begin(115200);
28 }
```

그림 7-10 Setup() 함수 선언 → 속도 변경

정의된 핀의 모드 설정

- 20~26번 줄 : 앞에서 정의한 변수값에 대하여 설정된 핀을 입력 혹은 출력으로 설정하는 것으로 여기서는 앞에서 정의한 모든 핀을 출력핀(OUTPUT)으로 설정한다.

시리얼 통신 선언

- 27번 줄 : 여기서 우리는 무선 시리얼 통신을 사용하여 소금쟁이 로봇을 작동시킬 것이다. 이를 위해서 시리얼 통신에 필요한 선언을 해주어야 하는데 아두이노에서는 간단하게 "Serial.begin()"이라는 명령어로 선언하면 된다. 여기서는

Serial.begin(115200)이라고 선언하였는데 괄호안의 숫자는 브레이트 값이다. 이 보레이트 값이 크면 통신 속도가 빨라지나 통신 연결이 불안정해지는 문제가 생길 수 있으므로 일반적으로 브레이트 9600값을 많이 적용한다. 하지만, 우리는 블루노나노 보드를 사용하고 있으므로 통신속도 값을 115200으로 지정한다. 이제 모든 설정은 완료되었으며, 소금쟁이의 동작을 제어하기 위한 프로그래밍을 그림 7-4의 H_SW표를 참조하여 각 제어 기능 함수의 중괄호안에서 순차적으로 코딩을 진행한다.

[1] 전진

```
void goAhead()  //전진
{
  digitalWrite(STBY, HIGH);
  digitalWrite(AIN1,LOW);
  digitalWrite(AIN2,HIGH);
  analogWrite(PWMA, speed);
  digitalWrite(BIN1,LOW);
  digitalWrite(BIN2,HIGH);
  analogWrite(PWMB,speed);
}
```

그림 7-11 전진 함수 코딩

H-SW Control Function

Input				Output		
IN1	IN2	PWM	STBY	OUT1	OUT2	Mode
H	H	H/L	H	L	L	Short brake
L	H	H	H	L	H	CCW
		L	H	L	L	Short brake
H	L	H	H	H	L	CW
		L	H	L	L	Short brake
L	L	H	H	OFF (High impedance)		Stop
H/L	H/L	H/L	L	OFF (High impedance)		Standby

그림 7-12 H_SW 제어 기능 표(전진)

앞의 코딩은 TB6612FNG의 H_SW 표를 이용해서 진행하였다. 앞의 그림 7-11처럼 Input의IN1은 LOW로 IN2는 HIGH로, 그리고 STBY는 HIGH로 설정하면 모터는 CCW(반시계방향 : 바퀴를 앞으로 나가게 함)방향으로 회전하게 된다. 그림 7-11의 37 ~ 39번 줄은 그림 7-11과 같은 내용으로 코딩되어 모터 1을 회전시키게 된다. 40번 줄은 모터의 속도를 결정하는 것으로 여기서 우린 125라는 고정된 값을 사용하였다. 그림 7-11의 41 ~ 43번 줄의 코딩은 37 ~ 40번 줄의 내용과 동일하여 모터 2를 모터 1과 같은 방향으로 회전시키게 된다. 따라서 2개의 모터가 동일한 방향으로 작동하여 전진 동작을 하게 된다.

[2] 후진

```
void goBack() //후진
{
  digitalWrite(STBY, HIGH);
  digitalWrite(AIN1,HIGH);
  digitalWrite(AIN2,LOW);
  analogWrite(PWMA, speed);
  digitalWrite(BIN1,HIGH);
  digitalWrite(BIN2,LOW);
  analogWrite(PWMB,speed);
}
```

그림 7-13 후진 함수 코딩

H-SW Control Function

Input				Output		
IN1	IN2	PWM	STBY	OUT1	OUT2	Mode
H	H	H/L	H	L	L	Short brake
L	H	H	H	L	H	CCW
		L	H	L	L	Short brake
H	L	H	H	H	L	CW
		L	H	L	L	Short brake
L	L	H	H	OFF (High impedance)		Stop
H/L	H/L	H/L	L	OFF (High impedance)		Standby

그림 7-14 H_SW 제어 가능 표(후진)

후진의 경우 앞에서 설명한 전진 방향의 코드와 반대로 작성하면 된다. 즉 IN1을 HIGH, IN2를 LOW로 코딩을 하면 위의 H_SW표와 같이 CW(시계 방향 : 바퀴를 뒤로 움직에게 함)방향으로 모터가 회전하게 된다. 2개의 모터가 동일한 방향으로 작동해 후진 동작을 하게 된다.

[3] 좌회전과 우회전

```
void goLeft() //좌회전
{
  digitalWrite(STBY, HIGH);
  digitalWrite(AIN1,LOW);
  digitalWrite(AIN2,HIGH);
  analogWrite(PWMA, speed);
  digitalWrite(BIN1,HIGH);
  digitalWrite(BIN2,LOW);
  analogWrite(PWMB,speed);
}
void goRight() //우회전
{
  digitalWrite(STBY, HIGH);
  digitalWrite(AIN1,HIGH);
  digitalWrite(AIN2,LOW);
  analogWrite(PWMA, speed);
  digitalWrite(BIN1,LOW);
  digitalWrite(BIN2,HIGH);
  analogWrite(PWMB,speed);
}
```

그림 7-15 좌회전과 우회전 함수 코딩

2개의 모터를 가지고 구동하는 구동 물체의 방향 조절 방법에는 2가지의 방법이 일반적으로 적용된다.

구동 중 좌회전을 하는 방법으로는 오른쪽 모터를 정지시키고 왼쪽 모터만 구동시켜 오른쪽 모터를 원점으로 좌회전하는 방법과 좌측 모터의 속도는 빠르게 하고 우측 모터의 속도는 느리게 하여 속도차로 인해 회전시키는 방법이 있다. 2가지 방법 모두 일정한 회전 반경을 그리면서 좌회전하게 된다.

우리가 제작하는 소금쟁이 로봇은 물위에서 움직이므로 육상보다 더 큰 저항을 받게 되고 느린 속력으로 움직이기 때문에 첫 번째 방법인 한쪽 모터의 회전을 정지시키면서 회전하는 방법을 사용하기로 한다.

참고로 구동 물체의 중량이 크고 회전 속도가 빠르다면 첫 번째 방법보다는 두 번째 방법이 안전하게 회전할 수 있는 방법이다. 특히 물이 아닌 육상에서의 구동 시에는 반드시 두 번째 방법으로 시스템을 구동할 수 있도록 프로그래밍 하여야 관성에 의한 시스템 불안정이나 전복의 위험을 피할 수 있다.

그림 7-15의 좌회전 코드 57 ~ 63번 줄을 보면 앞의 전진 코드와 동일하나 좌회전 코드의58 ~ 59번 줄의 입력내용이 전진 코드의 38 ~ 39번 줄의 HIGH - LOW에서 LOW - HIGH로만 바뀐 것을 확인할 수 있다. 즉, 58번의 IN1을 LOW, 59번의 IN2를 HIGH로 하면 모터 1이 정지하게 되고 모터 2는 회전하므로 좌회전하게 된다.

또한, 우회전 코드 67 ~ 73번 줄을 보면 앞의 후진 코드와 동일하나 우회전 코드 71 ~ 72번 줄이 후진 코드의 51 ~ 52번 줄의 HIGH - LOW에서 LOW - HIGH만 바뀐 것을 확인 할 수 있다. 즉, 71번의 IN1은 LOW, IN2는 HIGH로 하면 모터 2가 정지하게 되고 모터 1은 회전하므로 우회전하게 된다.

[4] 정지

```
void Stop()
{
  digitalWrite(STBY,LOW);
}
```

그림 7-16 정지 함수 코드

H-SW Control Function

Input				Output		
IN1	IN2	PWM	STBY	OUT1	OUT2	Mode
H	H	H/L	H	L	L	Short brake
L	H	H	H	L	H	CCW
L	H	L	H	L	L	Short brake
H	L	H	H	H	L	CW
H	L	L	H	L	L	Short brake
L	L	H	H	OFF (High impedance)		Stop
H/L	H/L	H/L	L	OFF (High impedance)		Standby

그림 7-17 H_SW 제어 기능 표(정지)

소금쟁이 로봇을 정지시키는 코드는 아주 간단하다. H_SW 표를 보면 2가지 방법으로 정지가 가능하며, 본 책에서는 후자인 STBY를 LOW로 설정하는 방법을 사용하였다. 참고로 위의 H_SW 표와 같이 IN1, IN2를 모두 LOW로 코딩해도 동일하게 정지가 가능하다.

여기까지 우리는 소금쟁이 로봇의 움직임을 조정하는 구동하는 함수에 관한 코딩을 완료하였다. 이제부터는 실제로 주어진 명령에 따라 소금쟁이 로봇이 움직이도록 loop() 함수 안에서 코딩 작업을 진행할 것이다.

```
char command;
//motor 1 는 A01, A02에 연결
//motor 2 는 B01, B02에 연결

int STBY = 10; //standby

//Motor 1
int PWMA = 3; //Speed control
int AIN1 = 9; //Direction
int AIN2 = 8; //Direction

```

그림 7-18 움직임 제어를 위한 변수 선언

Loop() 함수문에서 command라는 변수 명을 사용하기 전에 그림 7-18처럼 setup() 함수 앞에서 필요한 변수형을 선언하여야 한다.

```
30 void loop() {
31   // put your main code here, to run repeatedly:
32  if(Serial.available()) {
33     command = Serial.read();
34     switch(command) {
35       case 'F':
36               goAhead();
37               break;
38       case 'B':
39               goBack();
40               break;
41       case 'L':
42               goLeft();
43               break;
44       case 'R':
45               goRight();
46               break;
47 
48       case 'S':
49               Stop();
50               break;
51       }
52     }
53 }
```

그림 7-19 움직임을 제어하는 코딩(loop 함수내에서)

위 그림 7-19는 앞에서 작성한 전진, 후진, 좌회전과 우회전 및 정지에 대한 함수가 loop문 안에 작성되어 있는 것을 볼 수 있다. 이것은 외부의 어떠한 명령에 의해 원하는 함수가 수행될 수 있도록 하는 프로그램이다.

32번 줄의 if 문은 C 프로그램 문법상에 참과 거짓(True or False)만을 판단하며 일반적으로 True의 값은1, False의 값은 0이다. "if(Serial.available())" 코딩의 의미는 "Serial 통신이 현재 가능하다면"이란 뜻이며, 이것은 If(True)와 동일한 표현이다.

33번 줄의 "command = Serial.read()" 코딩의 의미는 Serial 통신이 가능한 상태에서 Serial 통신으로 수신하는 문자값을 command라는 변수에 대입하라는 것이다.

34 ~ 50번 줄은 switch ~ case 문으로서 Serial 통신을 통해 읽어 들인 문자를 비교하여 일치하는 문자를 찾아 해당 case 문으로 가서 그 안에 있는 프로그램을 수행 하도록 한다.

동일한 방법으로 우리가 소금쟁이 로봇을 원하는 반향으로 제어하려면 위의 loop() 함수에서 지정한 코드 문자를 시리얼 창에서 입력하면 된다.

일단 여기까지 우리는 소금쟁이를 구동할 수 있는 모든 코딩을 완료한 상태이다. 하지만 먼저 소금쟁이를 구동시키기 전에 코딩한 코드가 정상적으로 작동하는지 먼저 확인을 해봐야 한다.

일반적으로 코딩된 프로그램의 정상적인 작동을 확인하는 방법은 의외로 간단하다. 원하는 함수에 print 문을 작성하고 시리얼 창을 이용해서 명령 문자를 보냈을 때 진행되는 함수 위치에서 정상적으로 print 문이 출력되는지를 확인하는 것이다.

이를 다음의 간단한 예제를 통하여 확인해 보도록 하자.

그림 7-20은 앞에서 작성한 goAhead() 함수에 print 문을 추가하였다.

```
void goAhead()
{
  Serial.println("전진 합니다!"); //코딩 정상 작동 확인용 코드

  digitalWrite(STBY, HIGH);
  digitalWrite(AIN1,LOW);
  digitalWrite(AIN2,HIGH);
  analogWrite(PWMA, speed);
  digitalWrite(BIN1,LOW);
  digitalWrite(BIN2,HIGH);
  analogWrite(PWMB,speed);
}
```

그림 7-20 goAhead() 함수에 print 문 추가 코드

업로드를 한 후 시리얼 모니터 창을 열고 그림 7-21과 같이 "F"를 입력한 후 전송버튼을 누른다. 위와 같이 "F" 문자를 전송하면 시리얼모니터 창에 goAhead() 함수에 추가했던 print 문의 내용인 "전진합니다!"가 출력되는 것을 확인할 수 있다.

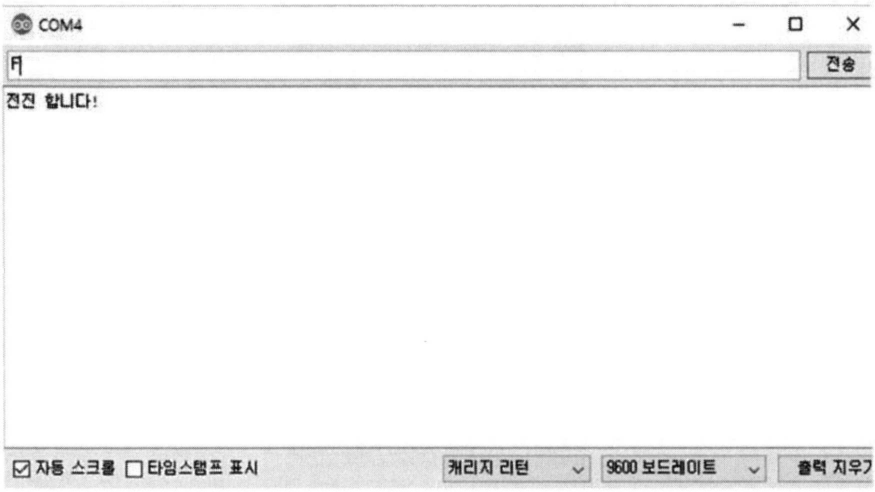

그림 7-21 시리얼 모니터 창

이렇게 해서 소금쟁이 로봇을 전후좌우로 마음대로 움직이게 하는 프로그램의 작성을 완료하였다. 다음 장에서는 더 편리한 조정을 위하여 소금쟁이 로봇을 스마트폰을 이용해서 무선으로 조정하는 방법에 대해서 설명하고자 한다.

7.3 원격 제어 앱

소금쟁이 로봇을 원격으로 제어하기 위해서는 스마트폰용 원격제어 앱이 필요하다. 참고로 스마트폰을 이용한 원격제어는 안드로이드 기종만 가능하다.

소금쟁이 로봇에 장치된 블루노나노 보드에는 무선 통신을 위한 Bluetooth 4.0인 BLE(Bluetooth Low Energy) 모듈이 내장되어 있다. 스마트폰의 "Play 스토어"에 가서 BLE(Bluetooth Low Energy) 모듈과 통신이 가능한 앱인 "Arduino BLE" 설치한다.

그림 7-22 Arduino Bluetooth Controller BLE

그림 7-23 Arduino Bluetooth Controller BLE 실행 화면

설치완료 후 앱을 열면 위의 그림 7-23과 같은 화면이 나타나며, 오른쪽 상단의 "scan" 버튼을 선택하면 그림 7-24와 같이 소금쟁이 로봇에 장착된 Bluetooth의 이름이 나타난다. 나타난 Bluno를 클릭하여 선택한 후 연결해준다.

그림 7-24 Arduino Bluetooth Controller BLE SCAN 화면

이제 소금쟁이 로봇의 블루노나노 제어기와 스마트폰이 연결되면 그림 7-25와 같은

화면이 나타나고 화면에서 보는 바와 같이 명령을 입력할 수 있는 Textbox 창이 나타나는데, 이곳에 그림 7-25와 같이 "F"를 입력한다. "F"를 전송하게 되면 모터가 동작하는 것을 확인 할 수 있다. 이때, 대문자 "F"를 전송하여야 한다.

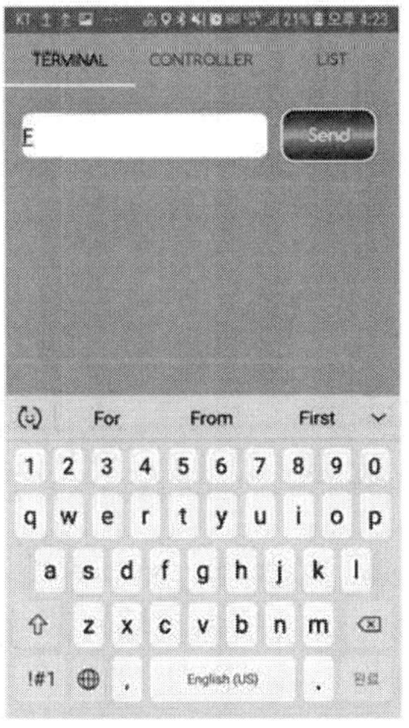

그림 7-25 Arduino Bluetooth Controller BLE 연결 후 "F" 전송

소금쟁이 로봇을 정지시키려면 그림 7-26처럼 "S"를 입력한다. "S"를 전송하게 되면 모터의 동작이 멈추는 것을 확인할 수 있다.

아두이노 제어 프로그램에서 Switch 문을 이용해서 일정한 문자가 입력되면 전진, 후진, 정지, 좌회전과 우회전을 할 수 있도록 코딩을 하였으므로, 여러분은 스마트폰상의 앱에서 각각의 제어 문자를 입력하여 소금쟁이 로봇의 동작을 제어할 수 있다.

다음 장에서는 위에서 사용한 앱을 앱인벤터라는 프로그램을 이용하여 직접 만들어 보도록 하자.

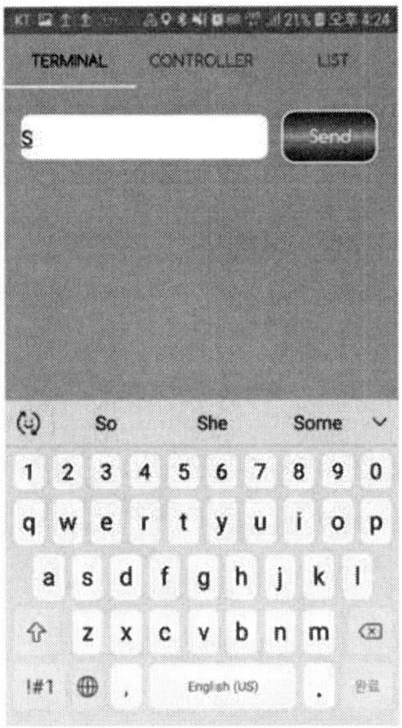

그림 7-26 Arduino Bluetooth Controller BLE 연결 후 "S" 전송

7.4 앱인벤터(App Inventor)에 대한 간략 소개

이번 장에서는 안드로이드 계열의 스마트폰을 이용하여 앱을 제작하는 방법에 대해 설명한다.

안드로이드 스마트폰용 앱을 개발하려면 일반적으로 "java"라는 언어를 이용하여 개발하는 방법인 Android Studio라는 개발 Tool을 이용하여 텍스트 방식의 코딩을 하는 방법(구글에서 무료로 다운로드 받을 수 있음)과 Block 형식의 모듈을 이용하여 조립하듯이 개발하는 드래그 앤 드롭 방식의 "App Inventor"의 2가지 방법이 일반적이다.

이 2가지의 방법 중 초보자들이 쉽게 개발할 수 있는 방법은 MIT가 개발한 앱인벤터(App Inventor)이며, 스마트폰의 OS 버전에 관계없이 누구나 쉽게 앱을 개발할 수 있다는 장점이 있다.

앱인벤터는 자신의 PC에 설치하는 설치형 프로그램이 아닌 웹사이트에 접속하여 실행하는 웹 서비스로 따로 프로그램을 설치할 필요가 없다. 앱 인벤터는 구글 크롬에서만 접속이 가능하다. 다음의 사이트에 접속하면 된다.

웹사이트 : http://appinventor.mit.edu

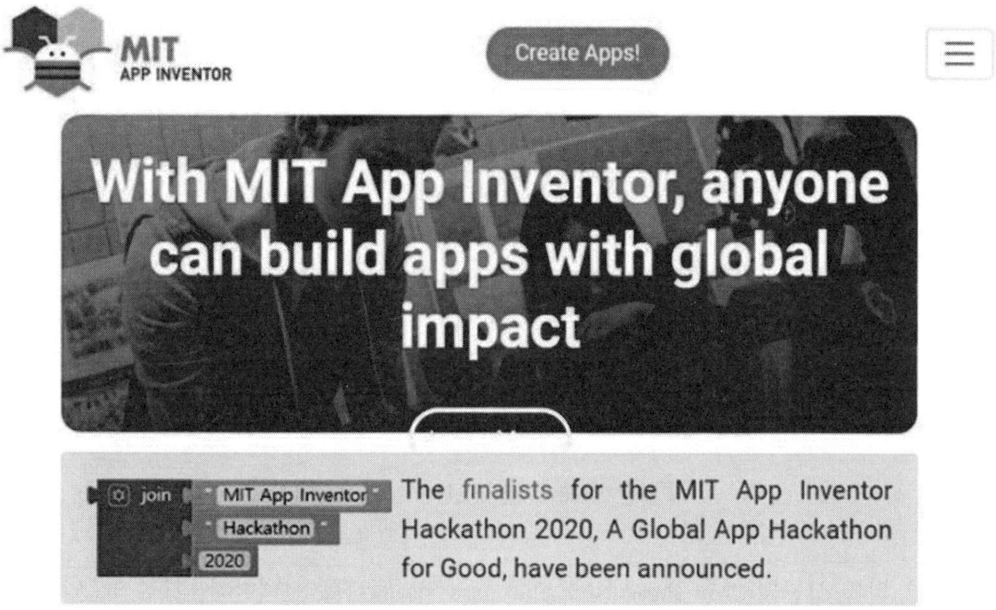

그림 7-27 앱 인벤터 접속 화면

그림 7-28 앱 인벤터 접속 화면 – Create Apps!

화면 상단 좌측의 그림 7-28서 “Create Apps”을 선택하면, “계정 선택” 화면이 나타난다. 자신의 계정을 선택하면 그림 7-29와 같은 MIT App Inventor 작업 화면이 나타난다.

그림 7-29 앱 인벤터 실행 화면

우선 왼쪽 상단의 “My Projects ➜ Start new project”를 선택한다. 프로젝트의 이름을 입력하는 창이 그림 7-30과 같이 표시되는데, 여기에 프로젝트 이름을 “Strider”라고 입력한다(영문명이면 아무 이름이나 괜찮음).

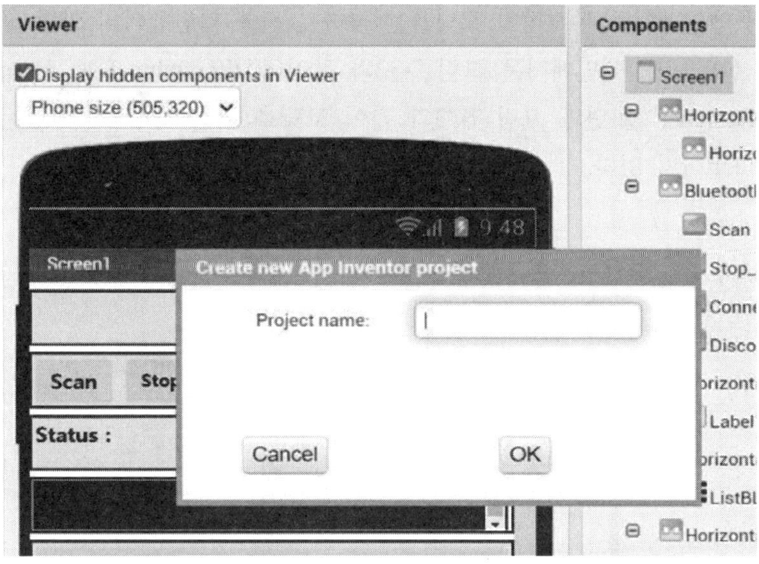

그림 7-30 앱 인벤터 새 프로젝트 시작하기

이름을 입력한 후 OK 버튼을 누르면, 그림 7-31과 같이 앱을 만들 수 있는 빈 스마트폰의 화면이 나타나고 상단에는 앱의 화면을 어떤 것으로 할 것인지를 선택하라는 콤보박스가 나타난다. 여기서 우리는 "Phone Size"로 작업을 할 것이므로 "Phone Size"를 선택한다.

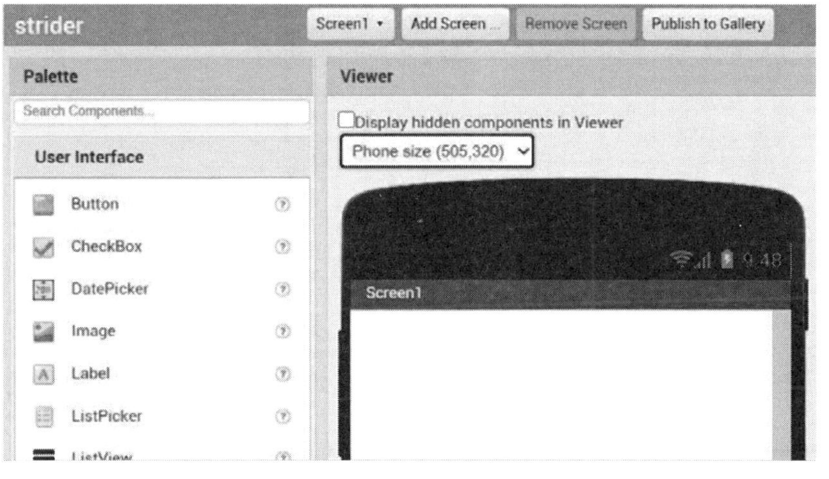

그림 7-31 앱 인벤터 새 프로젝트 시작 화면

이제부터 앱인벤터로 본격적인 코딩을 시작하기 전에 앱인벤터의 화면 구성에 대해서 간단히 살펴보자. 앱인벤터는 그림 7-32와 같이 GUI(Graphic User Interface) 작성을 위한 "Designer" 화면과 그림 7-33과 같이 코딩을 직접 작성할 수 있는 "Blocks" 화면으로 나누어져 있다.

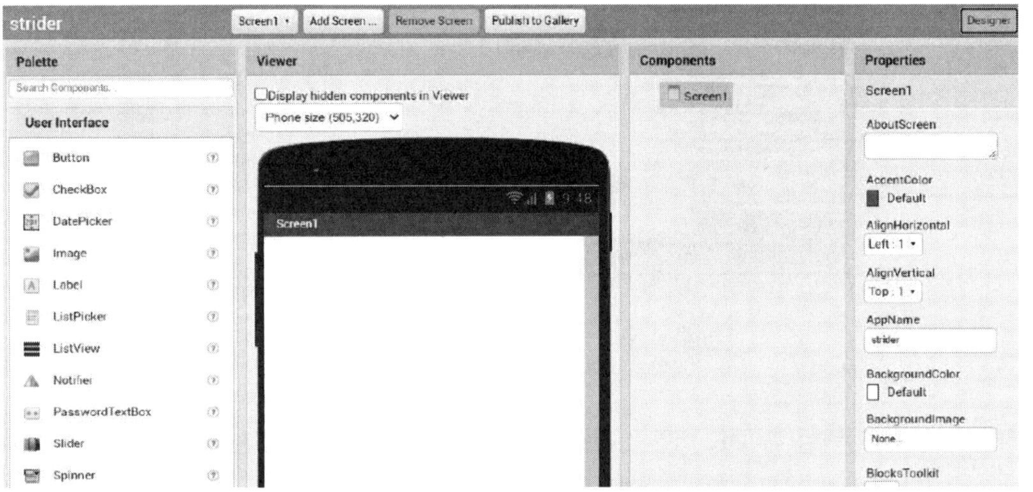

그림 7-32 Designer 화면

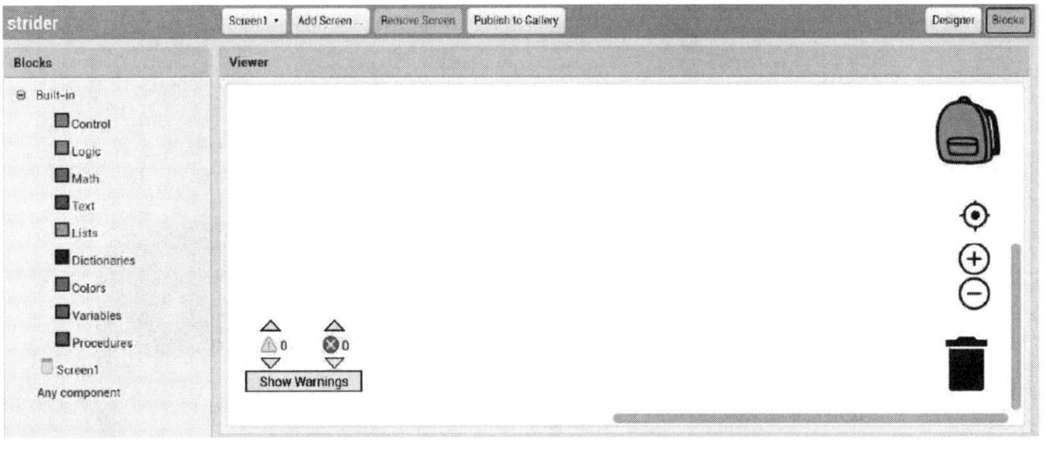

그림 7-33 Blocks 화면

Designer 화면과 Blocks 화면은 그림 7-32의 우측 상단에 있는 2개의 버튼을 이용해서 화면을 전환할 수 있다. 또한 그림 7-32의 왼쪽 상단에 있는 "Add Screen" 버튼을 이용하여 앱의 화면을 추가할 수 있다.

그림 7-32에서 보는 바와 같이 GUI를 작업하는 Designer 창은 “Palette”, “Viewer”, “Component”, “Properties”등 4개의 영역으로 구분된다. Palette 영역은 GUI를 만드는 다양한 구성 요소(Components)를 가지고 있다. 이 영역은 User Interface, Layout, Media 등 2개의 디렉토리를 가지고 있다 아래 그림 7-34와 7-35는 디렉투리 중에서 User Interface와 Layout에 들어 있는 구성요소를 보여주고 있다.

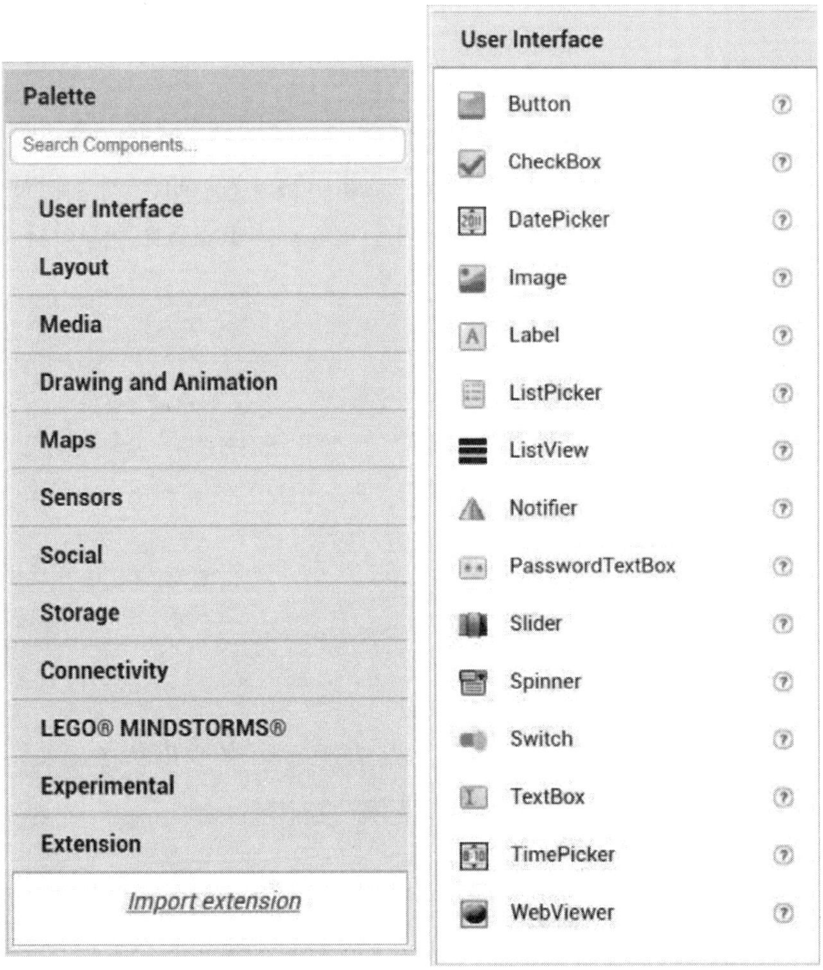

그림 7-34 User Interface 구성 요소

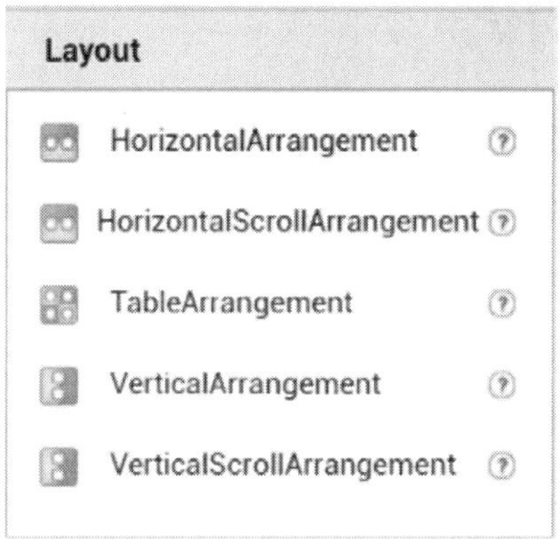

그림 7-35 Layout 구성 요소

그림 7-34의 User Interface은 앱을 설계할 때, Button과 같이 사용자가 어떠한 동작이나 입력을 위한 구성요소를 가지고 있다. 그림 7-35의 Layout은 앱설계 시, Button과 같은 구성 요소들을 배치하게 하는 영역을 설정하는 요소들로 이루어져 있다.

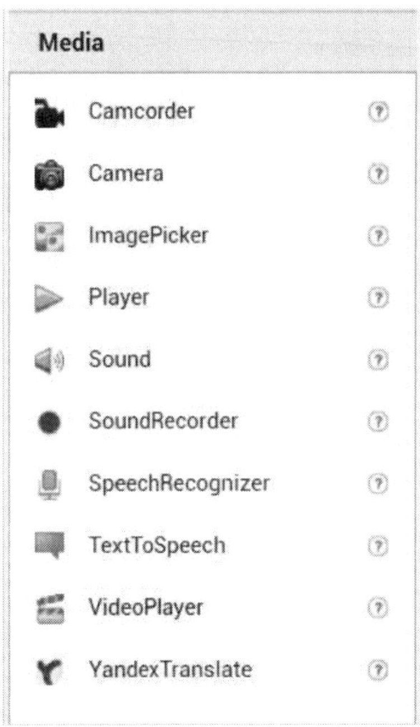

그림 7-36 Media 구성 요소

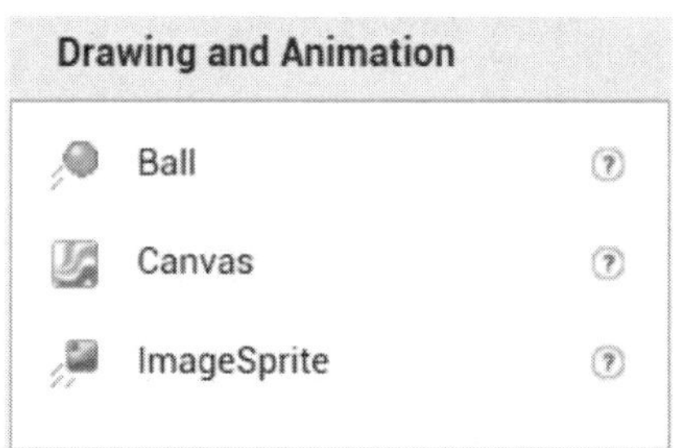

그림 7-37 Drawing and Animation 구성 요소

그림 7-36의 Media는 앱 설계 시, 동영상과 사운드와 같은 Media 관련된 구성 요소로 이루어져 있고, 그림 7-37의 Drawing and Animation은 애니메이션에 관련된 구성 요소를 가지고 있다.

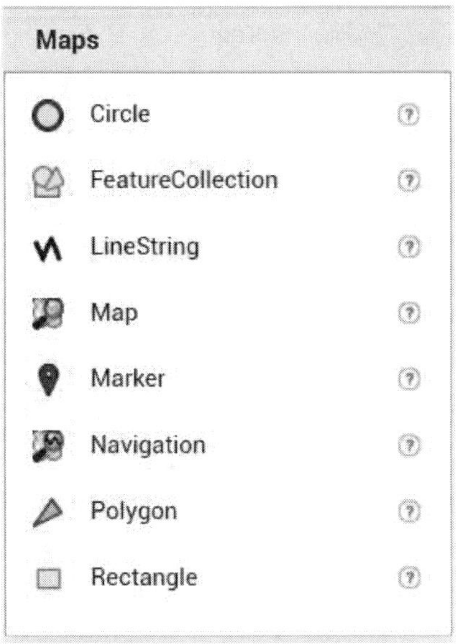

그림 7-38 Maps 구성 요소

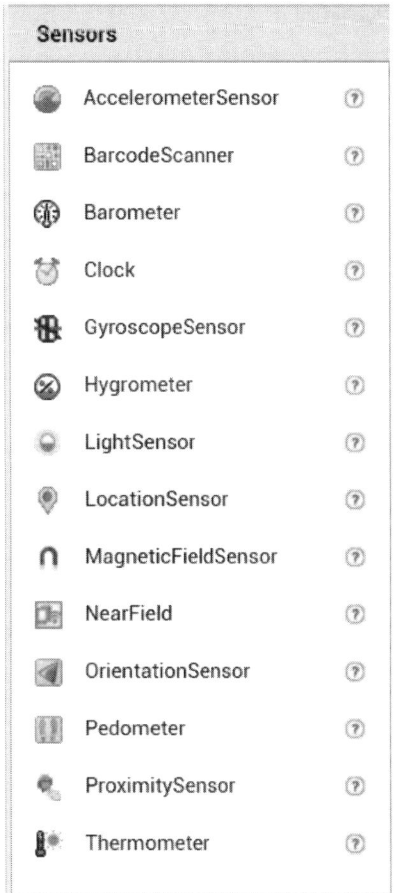

그림 7-39 Sensors 구성 요소

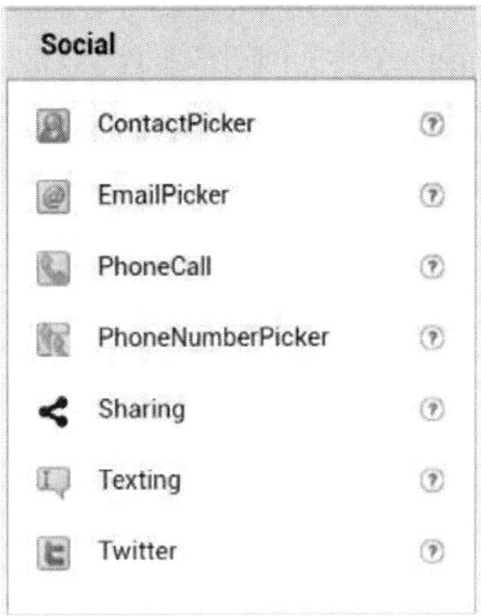

그림 7-40 Social 구성 요소 그림

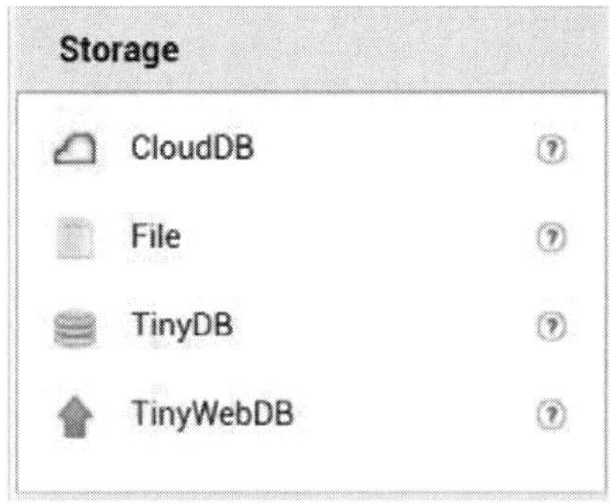

그림 7-41 Storage 구성 요소

그림 7-38의 Maps는 스마트폰의 지도와 관련된 구성 요소를 가지고 있고, 그림 7-39의 Sensors는 스마트폰에 장착된 센서 및 외부에 설치하는 센서들에 대한 구성 요소들을 가지고 있다.

그림 7-40의 Social은 메신저와 같은 SNS 관련된 구성 요소를 포함하고 있고, 그림 7-41의 Storage는 자료 저장에 관련된 구성 요소들을 가지고 있다.

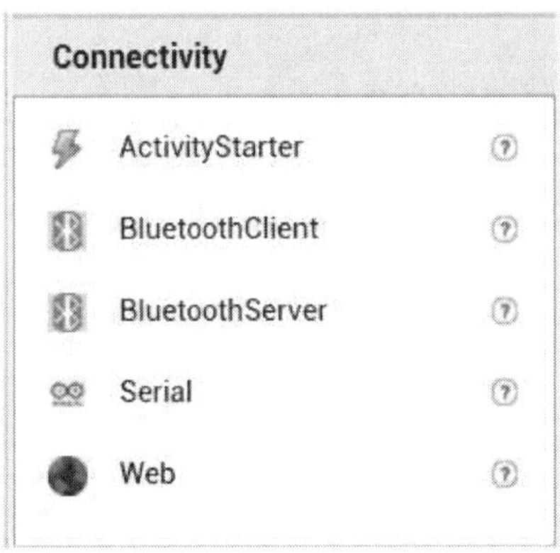

그림 7-42 Connectivity 구성 요소

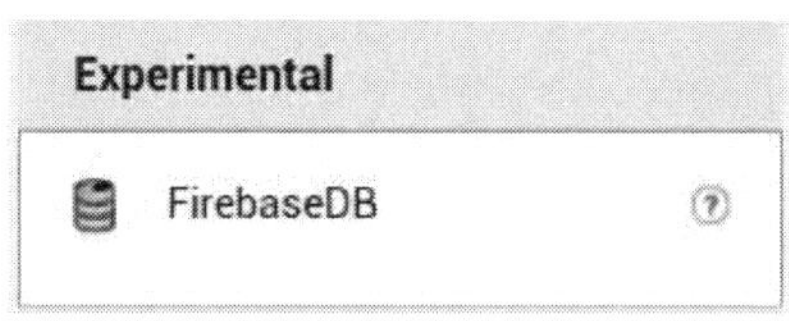

그림 7-43 Experimental 구성 요소

마지막으로 그림 7-42의 Connectivity는 인터넷과 통신에 관련된 구성 요소를, 그림 7-43의 Experimental은 자료 저장에 관련된 구성 요소를 포함하고 있다.

이상의 구성 요소를 적절히 활용하면 고급의 상용 앱을 제작하는 것이 가능하다. 각각의 구성 요소들에 대한 활용법은 독자 여러분이 여러 가지 예를 통해 학습하는 것이 프로그램 개발에 많은 도움을 줄 수 있을 것으로 생각한다.

다음은 실제 스마트폰의 GUI를 구성하는 Viewer 창으로서 앞에서 설명한 구성 요소들을 이용하여 각각의 구성 요소를 배치하여 앱 개발을 진행할 수 있는 창이다.

Component 창은 Viewer 화면에 구성한 구성 요소(component)의 배열 순서 및 종속 관계를 보여주는 디렉토리라고 볼 수 있으며, 마지막으로 "Properties" Viewer 창에 배치한 구성 요소들의 이름과 텍스트, 글자색, 글자 크기 등 다양한 설정을 할 수 있는 창이다. Blocks 화면은 실제로 코딩이 이루어지는 영역으로서 Designer 화면에서 작성한 GUI와 연계해서 프로그램 작동에 필요한 코드를 작성하게 된다. Blocks 창에는 다음 그림 7-44와 같은 Built-in이 존재하는데 이 Built-in을 적절히 사용할 수 있는 능력이 우수한 앱을 만드는데 있어 필수적이다.

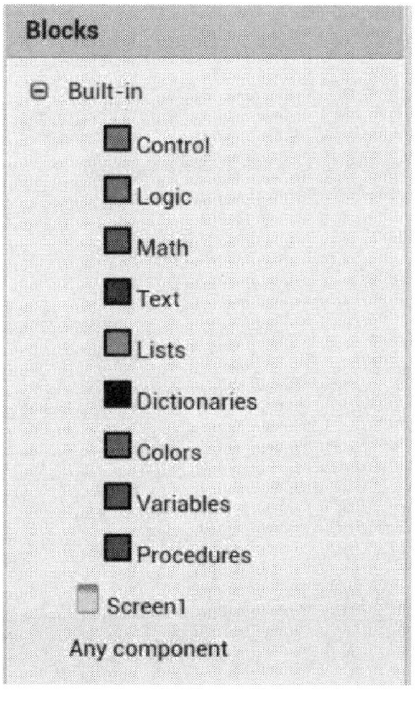

그림 7-44 Blocks 구성 요소

"Control"은 주로 프로그램의 조건식에 관련된 코드로 구성되며, Logic은 참과 거짓의 논리, Math는 수학 관련 함수, Text는 입력과 출력에 관련된 식을 표현할 수 있다.

자세한 내용은 앞으로 설명할 앱을 만드는 과정을 통해 Built-in의 각 항목들에 대한 활용법을 설명할 예정이다.

여기까지 앱인벤터를 사용하기 위한 각 요소들에 대한 설명을 간단히 마치고 실제 앱을 만드는 과정을 통해 앱인벤터가 무엇이고 얼마나 강력한 앱 개발 도구인지를 설명할 것이다.

7.5 앱인벤터로 소금쟁이 로봇 무선 제어 앱 만들기

이제부터 실제적으로 소금쟁이를 제어하기 위한 자신만의 앱 개발을 진행할 것이다. 우선 "MyProjects"를 클릭하고 "Strider"라고 지정한 파일을 클릭한다. Designer 창이 나타나고 화면에 스마트폰이 나타날 것이다. 우리는 이 스마트폰 창을 이용하여 다음 그림 7-45와 같은 앱을 만들 것이다. 기억해야 할 것은 아두이노를 이용하여 앞의 7.2 절에서 만든 소금쟁이 로봇 구동 프로그램을 기반으로 앱을 만들어야 한다는 것이다.

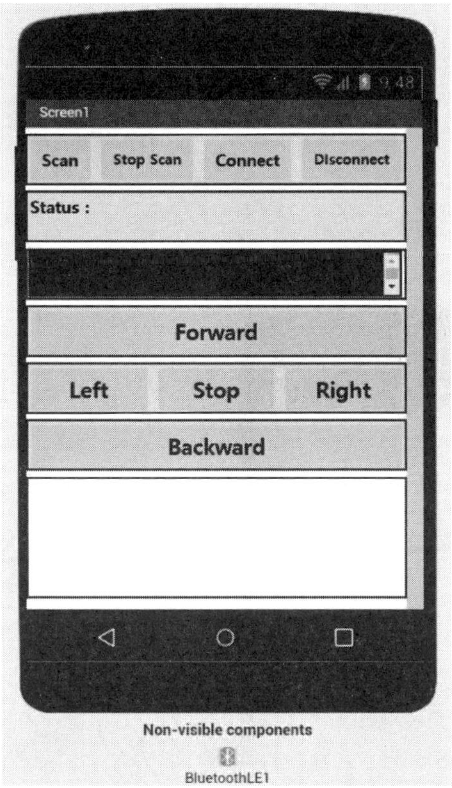

그림 7-45 개발할 제어 앱의 GUI

우선 그림 7-45를 보면 화면의 맨 위에 있는 "Scan"으로 표시된 부분이 수평으로 4개의 영역으로 되어 있는 것을 알 수 있다.

Button이 놓이는 수평 영역을 4개 만들기 위해 오른쪽 Palette에서 Layout을 클릭하면 수평과 수직의 Layout을 만드는 Component가 있는데 HorizontalArrangement 아이콘을 드래그해서 Viewer 영역의 스마트폰에 갖다 놓는다. 그러면 다음 그림 7-46과 같은 화면의 모습이 생기게 된다. Component 영역을 보면 Screen1의 디렉토리에 같은 그림 우측에 있는 HorizontalArrangement라는 서브 디렉토리가 생성된 것을 볼 수 있다. 이처럼 Component 영역에는 Viewer 영역에서 생성된 Component의 layout 상태를 디렉토리화 해서 표시하게 된다.

그림 7-46 제어앱 설계하기(1)

다음으로 Component 영역에 있는 "HorizontalArrangement1"의 이름을 바꾸어 보도록 하자. 하단의 Rename 버튼을 클릭하면 그림 7-47과 같은 화면이 나타나는데 화면상의 New name 입력창에서 "Bluetooth" 라고 입력을 한다. Component의 디렉토리에서 Screen 다음의 디렉토리 이름이 "Bluetooth"로 바뀐 것을 확인할 수 있다.

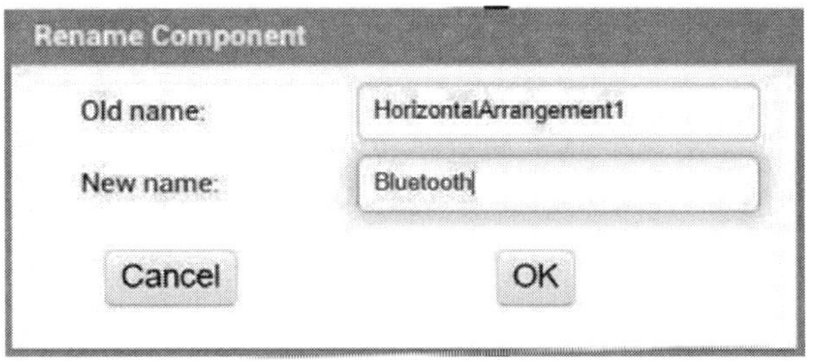

그림 7-47 서브디렉토리 이름 변경하기

Viewer 영역의 HorizontalArrangement1(Bluetooth)의 모양이 정사각형인데 이제 이 정사각형을 Properties 영역에서 Height와 Width를 변경하여 크기를 조정해 보도록 하자.

Height의 창에서 마우스를 클릭하면 다음 그림 7-48과 같은 메뉴가 나타나는데 여기서 Fill Parent를 선택하고 OK 버튼을 누르면 정사각형의 모양이 그림 7-49와 같은 직사각형의 모습으로 바뀌는 것을 볼 수 있다.

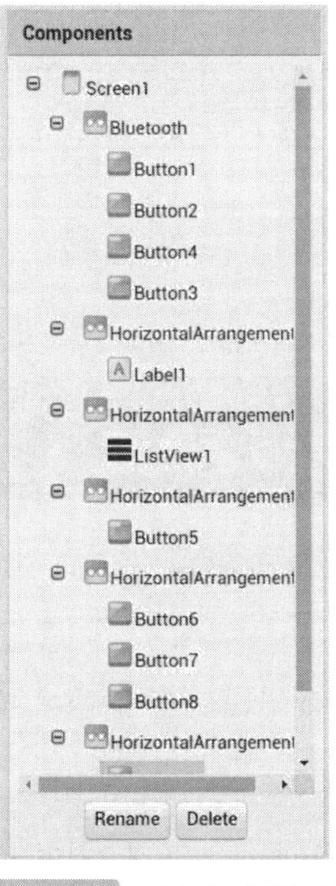

그림 7-48 Height 변경 화면

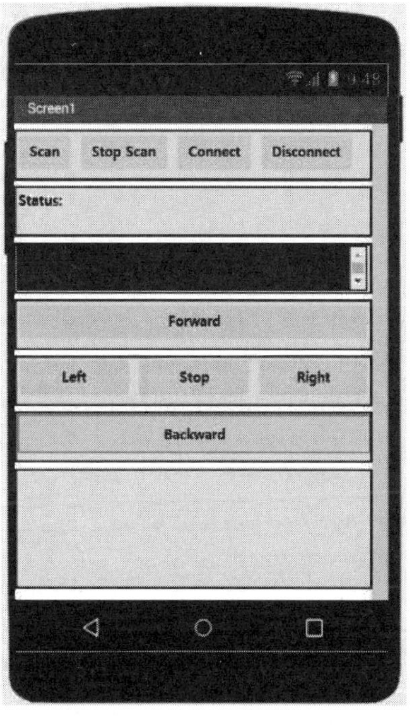

그림 7-49 Height가 변경된 화면

똑같은 방법으로 Properties 영역의 Width에 가서 Fill parent를 선택하고 OK 버튼을 선택하면 그림 7-50과 같이 화면이 바뀌는 것을 확인할 수 있다.

앞에서 진행한 방법과 같이 7개의 영역을 만들기 위하여 HorizontalArrangement 아이콘을 드래그해서 위해서 만든 Bluetooth 영역 아래 순서대로 갖다 붙여놓는다. 그리고 똑같은 방법으로 Height와 Width를 Fill Parent로 변경하고 마지막 7번째 Horizontal-Arrangement에서 Height는 Automatic으로 설정하고, Width만 Fill Parent로 변경하면, 최종적으로 그림 7-51과 같은 Layout이 완료된다.

그림 7-50 Width 변경

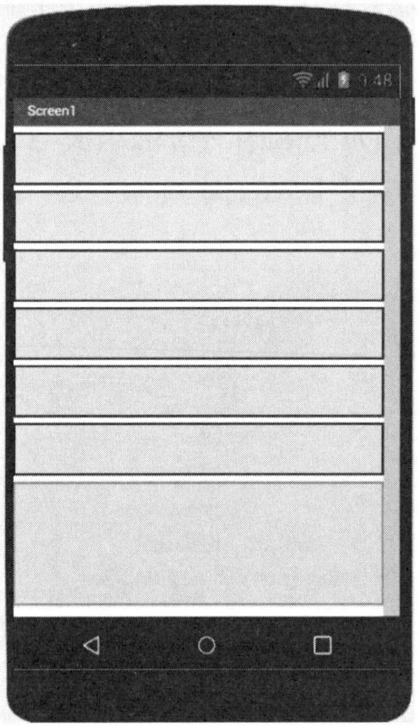

그림 7-51 Layout 완성 화면

이제 7개의 수평영역에 그림 7-45와 같은 버튼을 만들기 위해 User Interface에서 Button을 드래그하여 각 행에 가져다 놓자.

그림 7-52에서와 같이 행 1, 4, 5, 6에 총 9개의 Button을 드래그하여 배치하고, 행 2에는 Label을, 행 3에는 ListView를 배치하였다. Component 창은 각 행의 서브 디렉

토리에 Button, Label, Listview가 생성되었음을 보여주고 있다. 여기서 각각의 버튼들은 블루투스와의 연결 전후좌우 이동과 같이 실제적인 제어를 위한 것이므로 제작시 주의를 기울여야 한다.

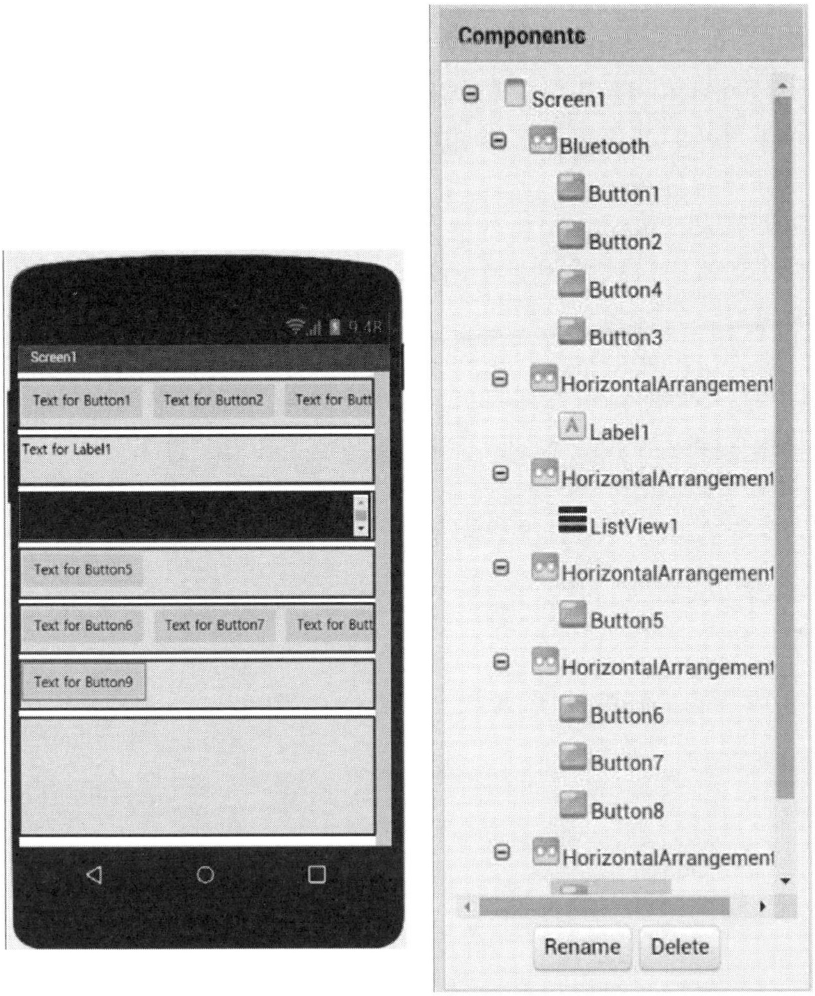

그림 7-52 제어앱설계하기(3)-버튼배치

이제부터 각 Button의 Properties를 변경해보자.

Button1을 마우스로 클릭하고 Properties 창으로 가서 제일 먼저 Text 입력창의 Text를 Scan으로 바꾸어 입력하면 Viewer 창의 스마트폰에서 Button의 명칭이 바뀐 것을 확인할 수 있다. 또 Properties 창의 FontSize에서 Font 크기를 14로 변경하고 FontBold의 CheckBox를 Check로 만들면 “Botton1의 text가 변화된 것도 확인할 수 있다. 첫 번째 행에는 4개의 버튼이 있으므로 Font 크기를 너무 크게 하지 않고 Width는 Automatic으로 설정 하면 4개의 버튼이 한 행에 잘 정돈된다. 두 번째 행의 경우, Label을 설치하였으므로 Width를 Fill parent로 변경하면 그림 7-53과 같이 생성된다. 똑같은 방법으로 모든 Button의 크기와 Text를 다음 그림 7-53과 같이 변경해 보자. 이 때 행에 들어가는 버튼의 숫자에 맞춰 Font 크기와 Width를 적절히 조정하여 모든 버튼이 아래 그림과 같이 정돈될 수 있도록 Properties 설정한다.

이제 스마트폰의 버튼 디자인은 모두 완료되었다. 각 버튼에 해당 기능을 부여하는 코딩을 하기 전에 코딩할 때 버튼의 이름을 혼동하지 않도록 버튼의 이름을 바꾸어 주는 것이 좋다.

버튼의 이름은 Component 창에서 바꾸어줄 수 있다. 바꾸고자 하는 버튼을 클릭하고 Rename을 클릭하여 New Name 창에 새로운 이름을 입력한다.

다음 그림 7-54는 각 버튼의 이름을 변경한 후의 상태를 표시한다.

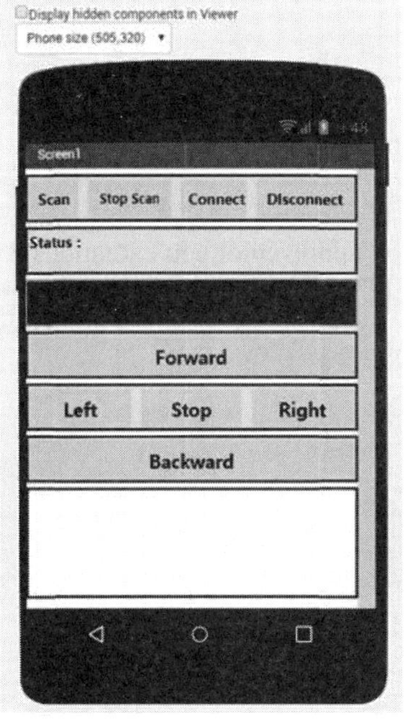

그림 7-53 버튼 설정 후

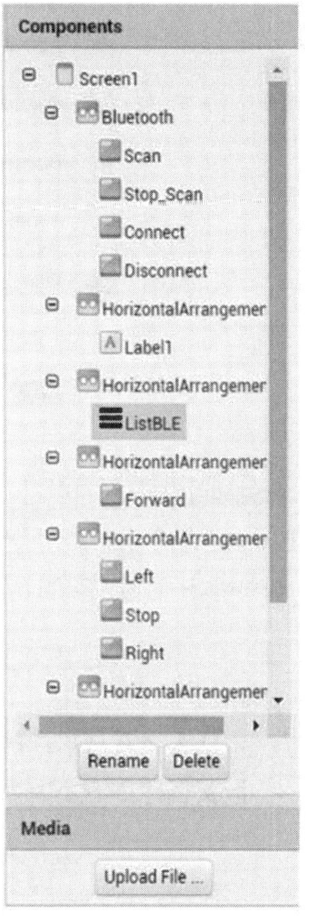

그림 7-54 버튼 이름 변경 후

마지막으로 스마트폰과 소금쟁이 로봇과의 Bluetooth 통신을 위한 Component가 필요한데, Palette 창의 Connectivity를 보면 그림 7-55처럼 Bluetooth의 항목이 보인다. 하지만 우리가 사용하는 블루노나노보드에 내장된 Bluetooth는 저전력 방식의 Bluetooth 4.0으로써 Connectivity의 Bluetooth는 지원되지 않는다. Bluetooth 4.0이상의 저전력 BLE의 지원을 위해 MIT App Inventor2에서는 Palette 창의 아래쪽에 있는 Extension을 통해 Library를 설치할 수 있도록 하고 있다.

그림 7-55 Extension

우선 BLE 라이브러리를 설치하기 위하여 http://appinventor.edu/extentions으로 가서 “BlueToothLE.aix를 클릭하여 파일을 다운받는다. 다운로드 받은 파일이 어느 디렉토리에 있는지 확인한다(대부분은 다운로드 디렉토리에 있을 것임).

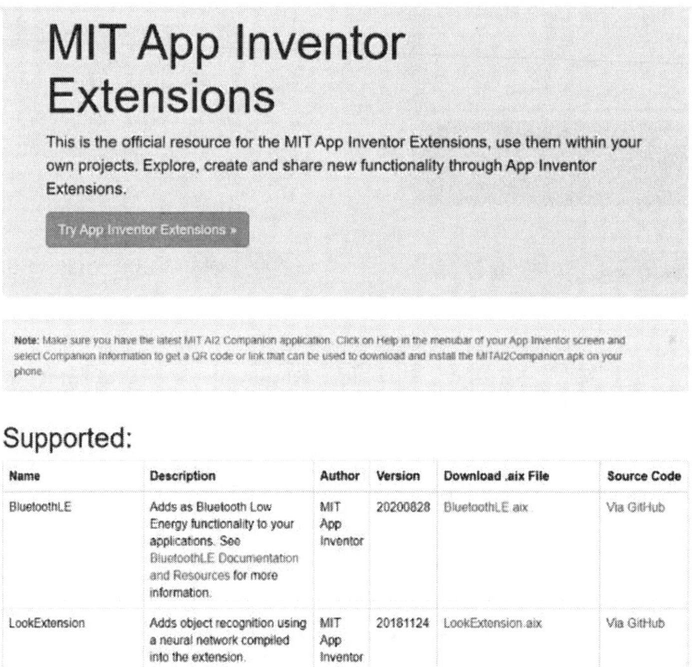

그림 7-56 MIT App Inventor Extensions 실행 화면

다시 App Inventor2의 화면으로 돌아가서 Palette 창에서 “Extension ➜ Import Extension”을 선택하면 그림 7-57과 같은 창이 나타나는데, “파일 선택” 파일을 클릭하여 앞에서 다운받은 “BluetoothLE.aix”을 선택한 후 Import 클릭하면 Extension 디렉토리에 그림 7-58과 같이 BLE 라이브러리가 생성된다.

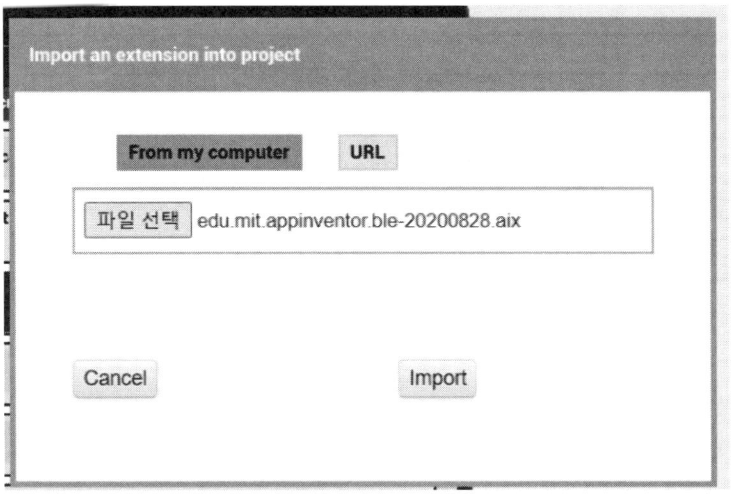

그림 7-57 Extension 파일 선택

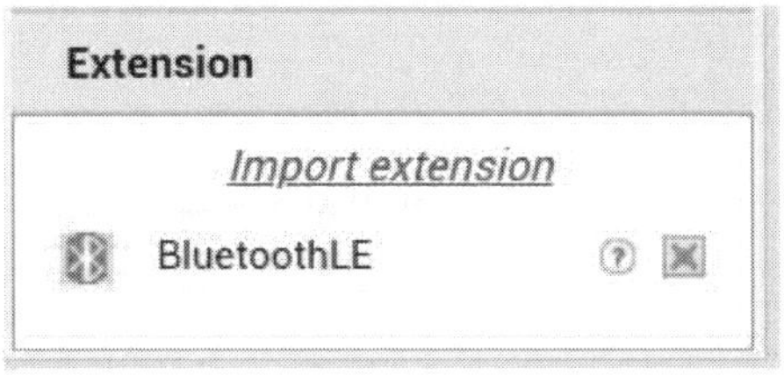

그림 7-58 Extension에서 BLE 파일이 생성된 화면

이제 BLE(BluetoothLE)의 Component가 설치되었으므로 마우스를 드래그하여 Viewer 창의 스마트폰으로 옮겨 놓으면 그림 7-59처럼 스마트폰 형상 맨 아래쪽에 BluetoothLE가 생성된다.

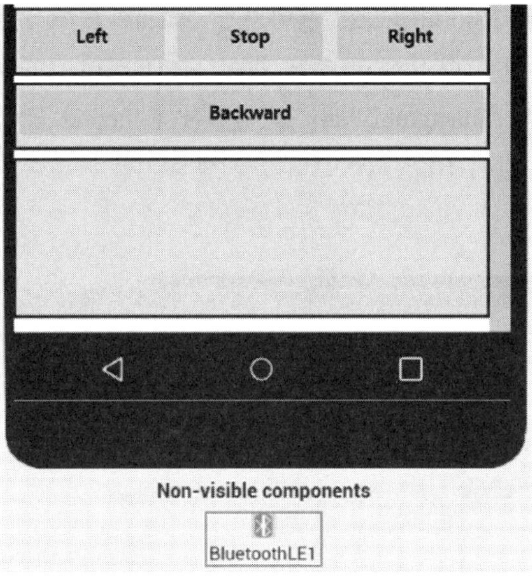

그림 7-59 BLE 파일 연결 표시 화면

이제 Designer 창에서의 모든 작업이 완료되었다.

다음으로 화면의 우측 상단에 있는 Blocks 버튼을 클릭하여 코딩을 작업을 진행한다. Blocks 버튼을 클릭하면 Blocks 화면으로 이동하게 되고 Blocks 창의 왼쪽을 보면 Designer 창에서 작업한 버튼의 이름과 디렉토리들이 다음 그림 7-60과 같이 생성된 것을 확인할 수 있다.

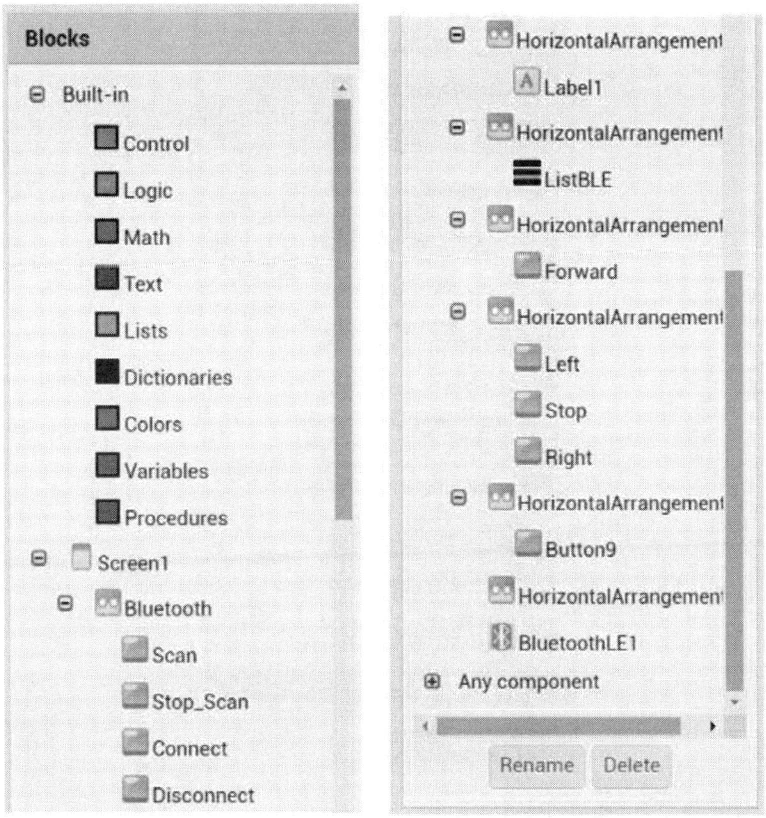

그림 7-60 Designer에서의 작업 결과로 Blocks에 표시되는 구성 요소들

먼저 소금쟁이 로봇과의 Bluetooth 연결을 위한 코딩 작업을 진행한다. 이미 앱인벤터의 Block 창에 있는 Built-in안에 있는 객체에 대한 사용 방법은 앞에서 간단히 설명하였으니 생략하고 바로 코딩을 진행하도록 한다. Blocks안에 생성된 구성 요소(예: scan)를 클릭하면, 필요한 코드를 구현할 수 있게 해주는 다양한 모양의 명령어 블록들이 나타난다. 이 블록들 중에서 필요한 것을 드래그하여 Viewer 창으로 가져와서 필요 부위에 끼워 맞추면 된다.

마우스로 Blocks의 왼쪽창에 표시된 Scan을 클릭하면 그림 7-61과 같이 여러 종류의 블록 코드가 나타나는데 Designer 창에서 만든 Connect 버튼을 클릭하였을 때의 조건이 필요하므로 그림 7-61에 있는 여러 블록들 중 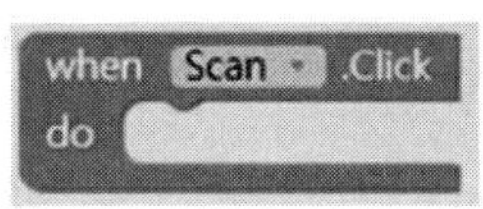

블록을 드래그하여 Viewer 창에 갖다 놓는다.

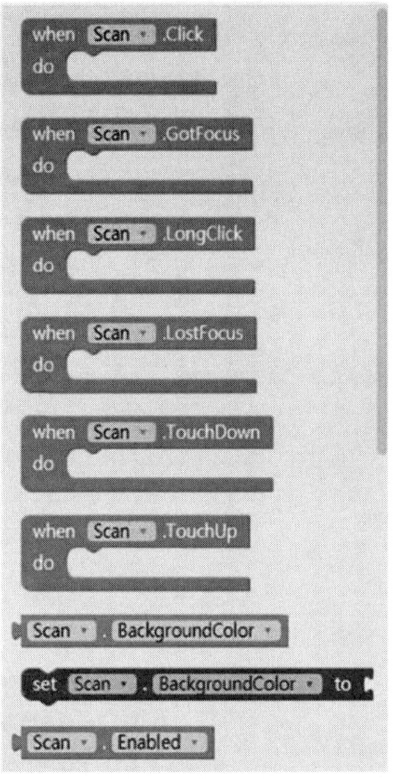

그림 7-61 Scan 버튼과 연관된 코딩 블록들

Viewer 창에는 위에서 드래그하여 갖다 놓은 When의 조건문 블록이 그림 7-62와 같이 표시된다.

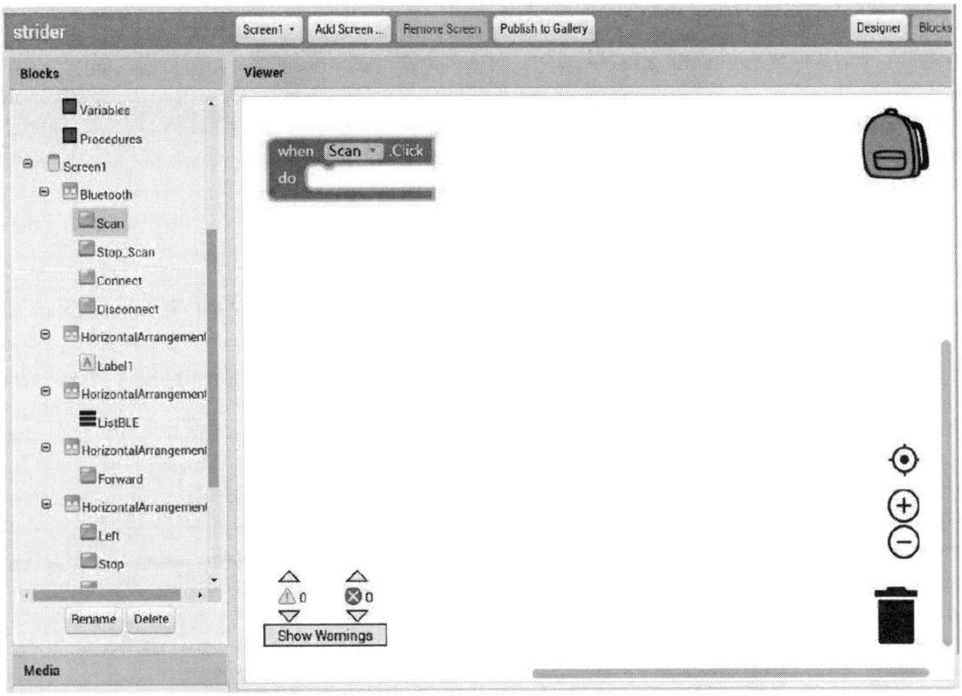

그림 7-62 when 코딩블록이 생성된 Blocks창 화면

BluetoothLE를 Scan 하는 것이므로 Blocks 화면의 BluetoothLE1을 선택한 후 그림 7-63과 같이 홈에 끼워 넣는다.

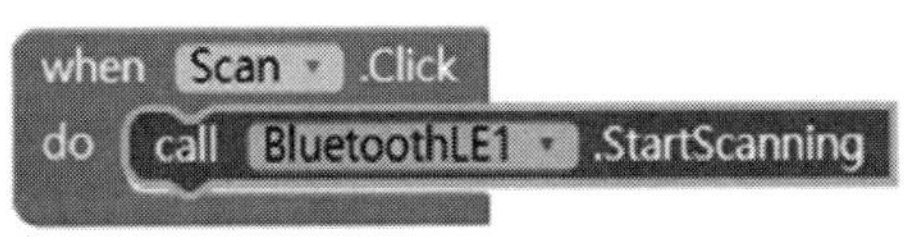

그림 7-63 BluetoothLE Scan 블록 코딩(1)

BluetoothLE를 스캔하고 현재 스캔 중임을 Label에 표시하기 위해서는 Lable을 Setting하여야 한다. Lable1을 클릭하여 

을 선택하고 그림 7-64와 같이 홈에 끼워 넣는다.

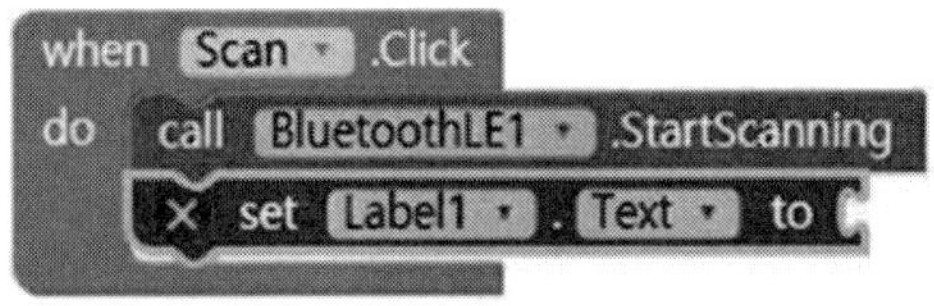

그림 7-64 BluetoothLE Scan 블록 코딩(2)

끝으로 Label1에 대입할 Text를 만들기 위하여 Blocks 창의 Built-in에서 Text를 클릭하고 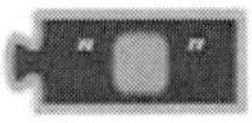 선택하여 드래그하여 앞에서 만든 Block의 “to”의 홈에 끼워 넣고 “ ” 사이에 있는 빈 칸에 “Status: Scanning” 이라고 입력한다. 그러면, Label1에 대한 작업은 그림 7-65와 같이 종료된다.

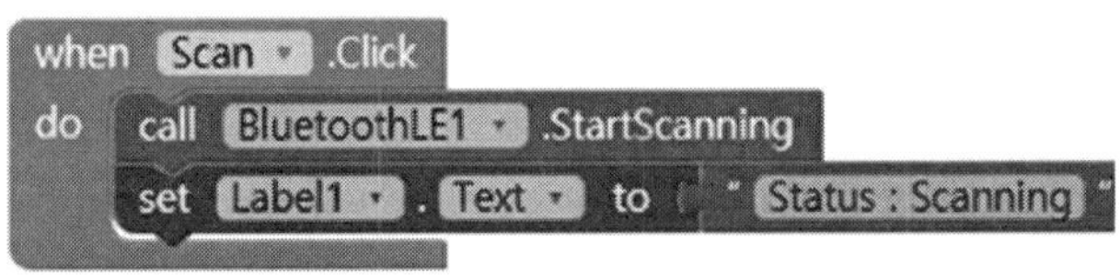

그림 7-65 BluetoothLE Scan 블록 코딩(3)

다음으로 BluetoothLE을 Scan하고 Scan된 모든 BluetoothLE를 List-up하여 선택할 수 있도록 하는 코딩작업을 수행한다. Scan한 BluetoothLE 장치를 List-up하기 위해서는 Designer에서 만든ListView(ListBLE)를 활성화하는 것이 필요하다.

Blocks내에 있는 ListBLE를 클릭하고  선택하여 드래그해서 그림 7-66과 같이 홈에 끼워 넣는다.

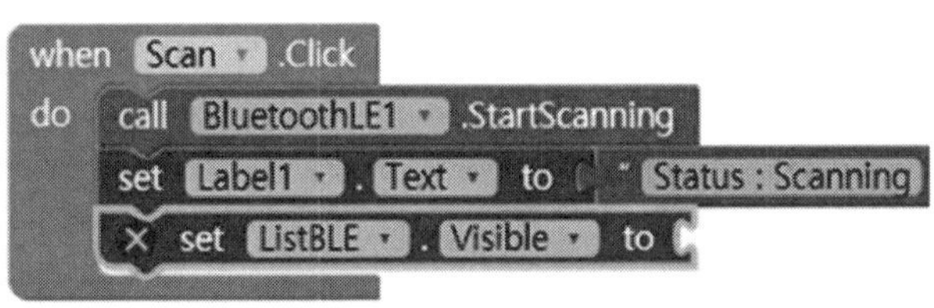

그림 7-66 BluetoothLE Scan 블록 코딩(4)

ListBLE를 활성화하기 위해서 Blocks내의 맨 위에 있는 Built-in"의 Logic에서 

을 선택하여 드래그해서 그림 7-67과 같이 "To" 뒤에 있는 홈에 끼워 넣는다.

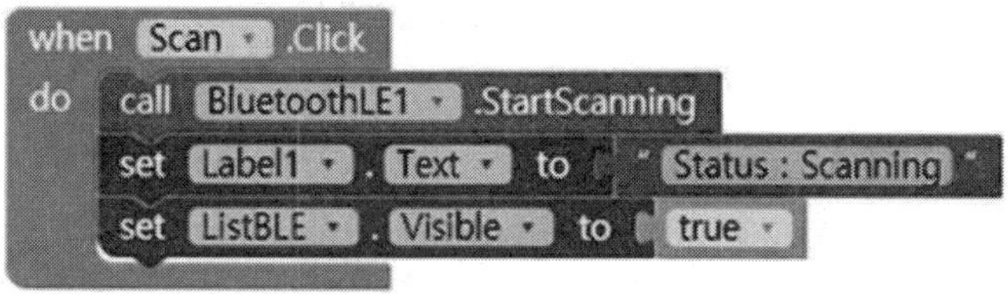

그림 7-67 BluetoothLE Scan 블록 코딩(5)

다음으로 Scan을 중단시키기 위하여 Stop_Scan 버튼에 대한 코딩을 진행한다.

Blocks 창에서 Stop_Scan을 클릭하고 

선택한 후 드래그하여 Viewer 창에 놓는다. BluetoothLE의 Scan을 중지시키기 위한 코딩이므로 Blocks 창에서 BluetoothLE1을 클릭하여 다음을 

드래그하여 View 창에 있는 When 문에 끼워 넣는다. "Scan Stop" 중이라는 메시지를 Label1에 표시하기 위하여 Blocks 창에서 Label1을 클릭하고 다음을 

선택 드래그 하여 그림 7-68과 같이 홈에 끼워 넣는다.

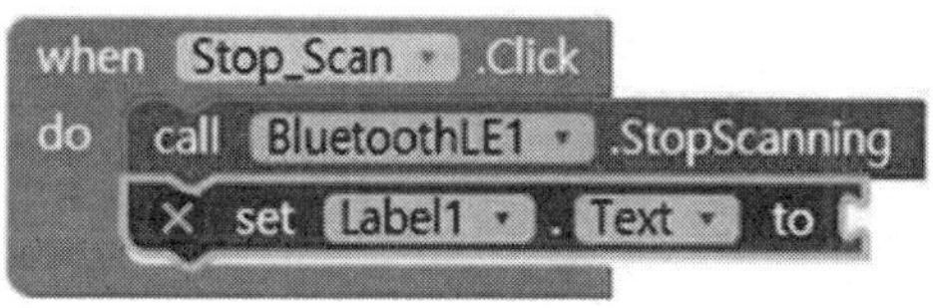

그림 7-68 BluetoothLE Stop_Scan 블록 코딩(1)

마지막으로 Label1에 들어갈 Text를 작성하기 위하여 앞에서 했던 것과 같이 Built-in의 Text를 클릭하고  선택 드래그하여 "to" 뒤의 홈에 끼워넣고 " "

사이에 “Stop Scanning”이라고 입력한 후 그림 7-69와 같이 코딩을 완료한다.

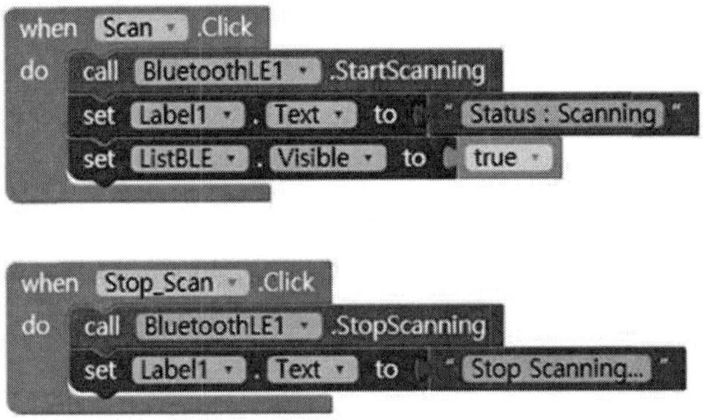

그림 7-69 BluetoothLE Stop_Scan 블록 코딩(2)

끝으로 BluetoothLE를 Scan하고 Scan된 BluetoothLE를 Listview에 List 하는 구문을 코딩한다.

Blocks 창의 BluetoothLE1을 클릭하고 BluetoothLE가 Scan 되었으므로

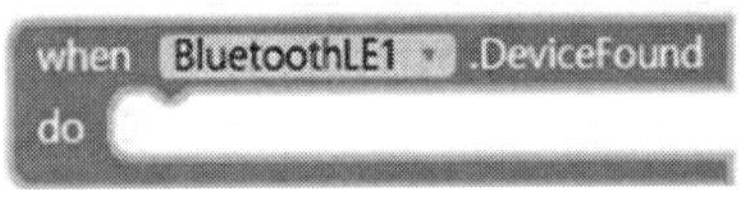

을 선택 드래그하여 Viewer 창으로 옮긴다.

이제 ListBLE의 목록을 기록하기 위하여 Blocks 창의 ListBLE를 클릭하여

을 드래그하여 Viewer 창에 있는 When의 홈에 끼워 놓는다. 마지막으로 Scan된 BluetoothLE List에 대한 설정을 위하여 Blocks 창의 BluetoothLE1을 클릭하여

선택 드래그하여 앞에서 만든 set 블록의 “to” 뒤 홈에 끼워 넣는다.

여기까지 BluetoothLE를 스캔하고 ListView에 스캔된 모든 BluetoothLE를 List-up 하는 코딩을 완료하였다.

그림 7-70은 지금까지 작업한 Block 코딩 작업 결과를 보여준다.

그림 7-70 Scan관련 블록코딩 전체 화면

이제 모든 BluetoothLE 장치가 Scan되고 소금쟁이 로봇과 연결하기 위하여 소금쟁이 로봇에 장착된 BluetoothLE을 선택하고 연결하는 코딩 작업을 한다.

앞에서 언급했듯이 우리가 만드는 소금쟁이 로봇에는 저전력 Bluetooth(BLE)을 적용한 Controller를 사용하고 있어서 일반 Bluetooth와 달리 고유의 아이디, UUID(Universally Unique Identifier)를 가지고 있는 관계로 UUID에 대한 설정을 해주어야 접속이 가능하다.

Connect 버튼에 대한 코딩 작업에 앞서 UUID를 설정하는 코딩 작업부터 진행하여야 한다.

UUID를 설정하기 위하여 2개의 변수를 먼저 선언한다.

변수 선언은 Blocks 창의 Built-in에서 Variables를 클릭한 후 

을 선택 드래그하여 Viewer 창에 놓으면 된다. 2개가 필요하므로 똑같은 방법으로 드래그하여 Viewer 창에 놓는다. 이제 변수의 이름을 정하기 위하여 그림 7-71과 같이 "name"을 지우고 각각 "SERVICE_UUID", "CHARACTERISTIC_ UUID2" 라고 입력한다.

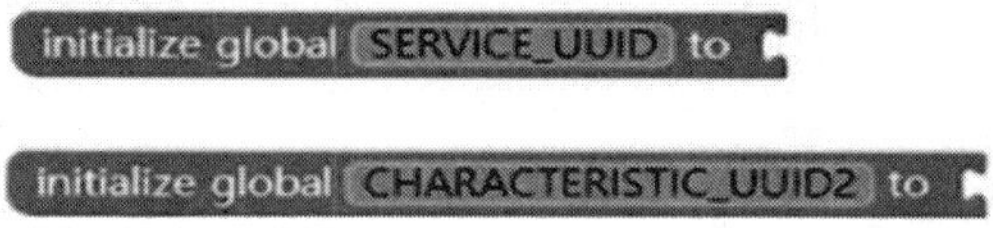

그림 7-71 전역 변수 선언 코딩 블록

소금쟁이 로봇에 장착된 BluetoothLE는 각각 "0000dfb0-0000-1000-8000-00805f9b34fb", "0000dfb1-0000-1000-8000-00805f9b64fb"의 값을 가지고 있으므로 Blocks 창의 Built-in의 Text에서 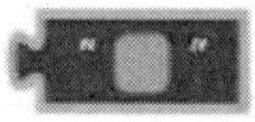을 선택 드래그하여 "to"홈에 끼워 놓고 위와 동일한 UUID 값을 입력한다.

그림 7-72는 UUID를 입력 완료한 블록 코딩이다.

그림 7-72 UUID 입력

이제 BluetoothLE에 연결하는 코딩작업을 진행한다.

Blocks 창에서 Connect 버튼을 클릭하여 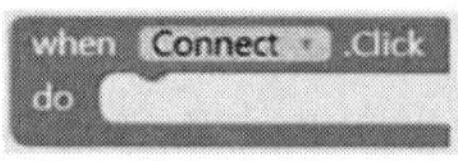

선택 드래그하여 Viewer 창에 놓는다. 버튼을 눌렀을 때 BluetoothLE가 호출되어야 하므로 BluetoothLE을 클릭하고 

을 선택 드래그하여 앞에서 만든 When 문의 홈에 끼워놓는다. 다음으로 Scan된 BluetoothLE 중에서 선택된 BluetoothLE 장치를 선택하여야 하므로 Blocks 창의 ListBLE을 클릭하여 

을 선택 드래그하여 그림 7-73처럼 앞에서 만든 Block의 "index" 뒤에 있는 홈에 끼워 넣는다.

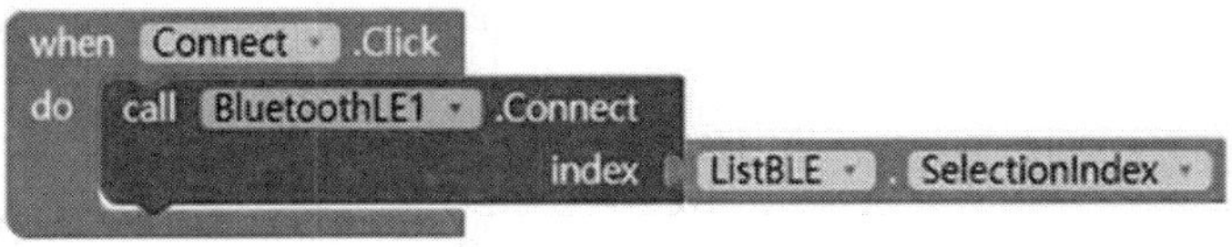

그림 7-73 BluetoothLE Connect 블록 코딩

끝으로 현재 Connect 작업이 진행된다는 것을 보여주기 위한 Text를 만들기 위하여 Blocks 창의 Label1을 클릭하고  선택 드래그하여 앞에서 만든 Block에 끼워 넣는다. Label1에 들어갈 문장을 만들기 위하여 Blocks 창의 Built-in의 Text를 클릭하고 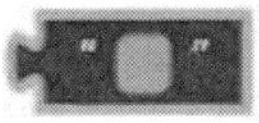 선택 드래그하여 "to"뒤의 홈에 끼워 넣고 " " 사이에 "Connecting…"이라고 입력하여 그림 7-74와 같이 코딩을 완료한다.

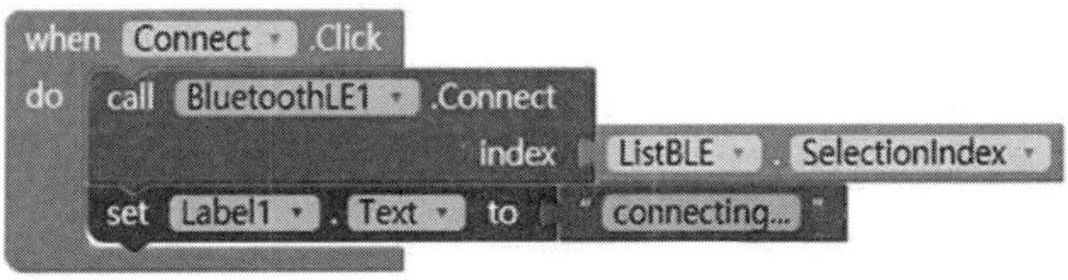

그림 7-74 BBluetoothLE Connect 블록 코딩 전체 화면

이제 Connect 버튼이 클릭 되고 선택된 BluetoothLE 장치가 연결이 되었다면 연결 여부에 대한 상태 표시가 필요할 것이다.

이 상태 표시를 위하여 Blocks 창의 BluetoothLE을 클릭하고  을 선택 드래그하여 Viewer 창에 놓는다. Label1에 표시할 문장을 만들기 위하여 Label1을 클릭하고  을 선택 드래그하여 When block의 홈에 끼워 놓는다. 문장을 입력하기 위하여 Blocks 창의 Built-in의 Text클릭하고  을 선택 드래그하여 "to" 뒤의 홈에 끼워 놓고 " " 사이에 "Status: Connected"라고 입력한다.

끝으로 이미 BluetoothLE 장치가 선택되었으니 ListView에 List-up한 다른

BluetoothLE장치는 더 이상 필요가 없게 되었으니 화면에 표시되지 않게 하여야 한다. 이를 위해서 ListBLE1을 클릭하고 

을 선택 드래그하여 앞에서 코딩한 Block 아래에 끼워 넣는다. BluetoothLE의 리스트가 보이지 않도록 하려면, 위에서 선택한 List Visiible을 "false"로 만들면 되므로 Blocks 창의 Built-in에서 Logic을 클릭하고 

를 선택 드래그하여 앞에서 만들 블록의 "to"뒤에 위치한 홈에 끼워 넣는다. 그림 7-75는 BluetoothLE 장치가 연결된 후의 상태를 Label에 표시하게 하는 코딩이다.

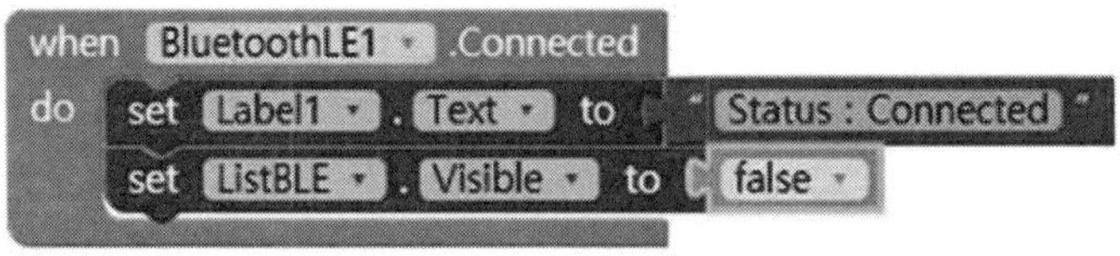

그림 7-75 BluetoothLE Connected Label 블록 코딩

여기까지가 Connect 버튼에 대한 코딩이 완료되었다.

이제는 연결을 끊는 Disconnect 버튼에 대한 코딩을 하여야 한다. Disconnect 코딩 방법은 Connect 코딩 방법과 거의 같다.

먼저 Blocks 창의 Disconnect 버튼을 클릭하고 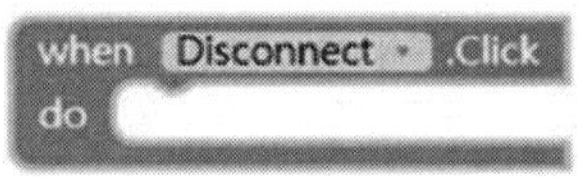

을 선택 드래그하여 Viewer 창에 놓는다. 그런 후 BluetoothLE를 불러 연결을 끊기 위하여 Blocks 창에서 BluetoothLE을 클릭하고 

을 선택 드래그하여 When block의 아래 홈에 끼워 넣는다. 다음으로 BluetoothLE의 연결이 끊어졌다는 것을 Label1에 표시하기 위한 문장을 표시하기 위한 코딩 작업을 진행한다. Blocks 창에서 BluethoothLE의 연결이 끊어졌을 때를 코딩하기 위하여 BluetoothLE를 클릭하고 

을 선택 드래그하여 Viewer 창으로 옮긴다. 연결이 끊어졌다는 문장은 Label1에 표시할 것이므로 Blocks 창으로 가서 Label1을 클릭하고 

을 선택 드래그하여 When 블록의 아래 홈에 끼워

넣는다. 입력할 문장을 만들기 위하여 Blocks 창의 Built-in의 Text를 클릭하여 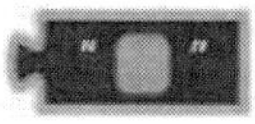 을 선택 드래그하여 "to"뒤의 홈에 끼워 넣고 " " 사이에 "Status: Disconnected"라고 입력 한다. 그림 7-76은 Disconnect 버튼에 대한 코딩을 완료한 모습을 보여 준다.

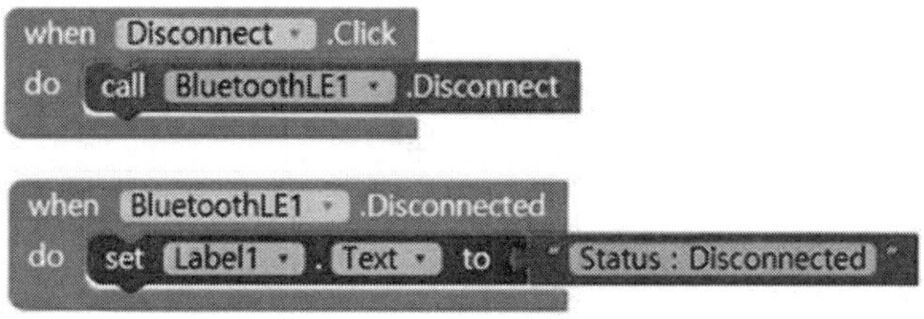

그림 7-76 BluetoothLE Disconnect 블록 코딩

이로써 소금쟁이 로봇과의 통신을 위한 BluetoothLE 연결 코딩은 모두 완료 되었다.

이제부터는 소금쟁이 로봇과의 통신이 연결된 상태에서 원격 제어를 통해 소금쟁이 로봇을 작동시키는 코딩 작업을 진행해보자.

제일 먼저 소금쟁이 로봇을 앞으로 움직이기 위하여 Blocks 창으로 가서 Forward 버튼을 클릭하여 

선택 후 드래그하여 Viewer 창으로 이동시킨다. Forward 버튼을 클릭하여 명령을 보내기 위해서는 BluetoothLE를 거쳐야하므로 Blocks창의 BluetoothLE1을 클릭하여 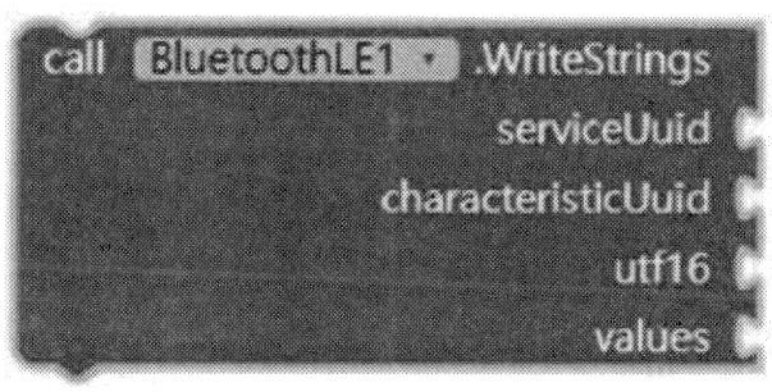

을 선택한 후 드래그하여 앞에서 옮겨놓은 Block의 홈에 끼워놓는다. 이 Block에는 "serviceUuid", "characteristicUuid", "utf16", "values" 라는 4개의 홈이 있는 것을 알 수 있다. 따라서 이 4개의 홈에 대해서도 연결하는 작업이 필요하다.

serviceUuid와 characteristicUuid에는 앞에서 선언한 변수를 대입하여야 한다.

선언한 변수를 대입하는 방법은 Blocks 창의 Build-in의 Variables를 클릭한 후  을 선택한 후 드래그하여 serviceUuid의 홈에 끼워 넣는다. get 뒤에 있는 콤보 박스를 누르면 그림 7-77과 같이 앞에서 선언한 변수명이 나타나는데, serviceUuid에 맞는 변수를 선택하면 된다.

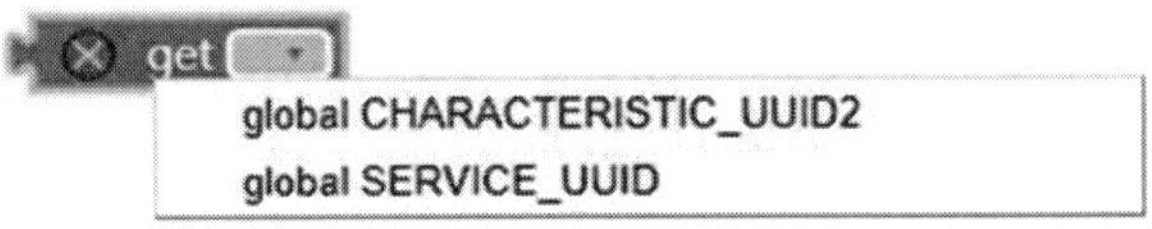

그림 7-77 get 블록의 변수 선택

동일한 방법으로 characteristicUuid에도 변수를 지정하여 그림 7-78과 같이 코딩한다.

그림 7-78 소금쟁이 로봇의 전진 블록 코딩(1)

Utf16은 명령을 인코딩하는 방식에 대한 것으로 Unicode를 16bit로 할 것인가에 대한 설정이므로 Bool 값 true를 대입한다. true 값을 대입하기 위하여 Blocks 창의 Built-in의 Logic을 클릭하여  을 선택한 후 드래그하여 홈에 끼워놓는다.

마지막으로 values는 명령어를 입력하는 곳으로 앞에서 우리가 아두이노 코딩을 할 때 switch 문에서 "F"라는 문자가 들어오면 Forward(), 즉 전진하는 함수가 작동하도록 약속을 하였다. values뒤에 문자 "F"를 입력하기 위하여 Blocks 창의 Built-in의 Text를 클릭하여  을 선택한 후 드래그하여 values 뒤의 홈에 끼워 넣고나서 " " 사이에 "F"를 입력한다.

이렇게 해서 전진에 대한 코딩 작업이 모두 완료되었고, 그림 7-79는 전진에 대한 코딩을 결과를 보여준다.

그림 7-79 소금쟁이 로봇의 전진 블록 코딩(2)

후진, 좌회전, 우회전, 정지에 관한 코딩 작업은 앞에서 작성한 전진 코딩과 거의 동일하다.

먼저 Blocks 창에서 Backward, Left, Stop, Right를 각각 클릭하여 아래 그림 7-80과 같이 "When" Block을 선택 드래그하여 Viewer 창에 가져다 놓는다.

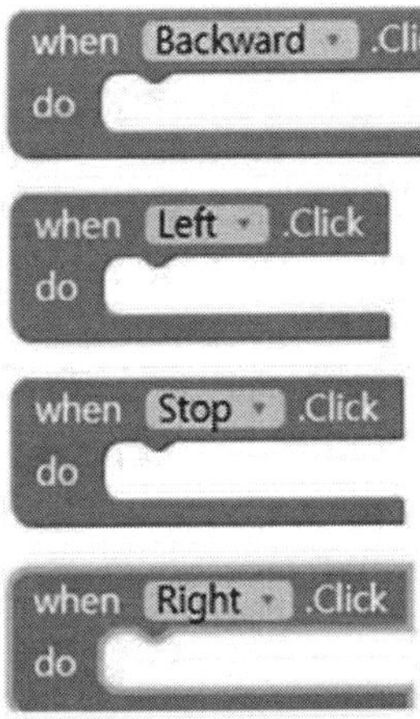

그림 7-80 Backward, Left, Stop, Right Block의 When Block

빠른 코딩 작업을 위해 Viewer 창에서 필요한 Block들을 복사하여 작업할 수 있다.

먼저 앞에서 작성한 Forward 버튼의 BluetoothLE1 Block에 마우스를 올려 놓고 마

우스 오른쪽 버튼을 클릭하면 그림 7-81과 같은 서브 메뉴가 표시되는데

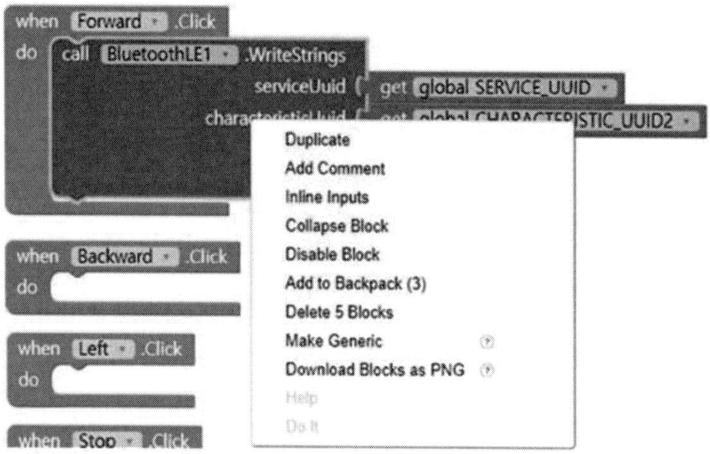

그림 7-81 서브메뉴의 사용

여기서 Duplicate를 누르면 그림 7-82와 같이 동일한 Block이 복사된다.

그림 7-82 Duplicate 선택 후 복사 화면

복사된 블록을 드래그하여 앞에서 만든 Backward 블록 홈에 끼워 넣는다. values에 입력한 명령 문자는 Backward이므로 "B"로 변경한다.

같은 방법으로 나머지 블록에도 복사하여 블록을 끼워 넣고 각 버튼의 명령에 맞는 문자로 변경한다.

다음 그림 7-83은 각 case 문에 대한 코딩결과를 보여준다.

그림 7-83 case문의 영문값별 블록 코딩 결과

다음 그림 7-84에서 소금쟁이 로봇의 움직임을 제어하기 위한 전체 코딩 블록들을 나열하였다.

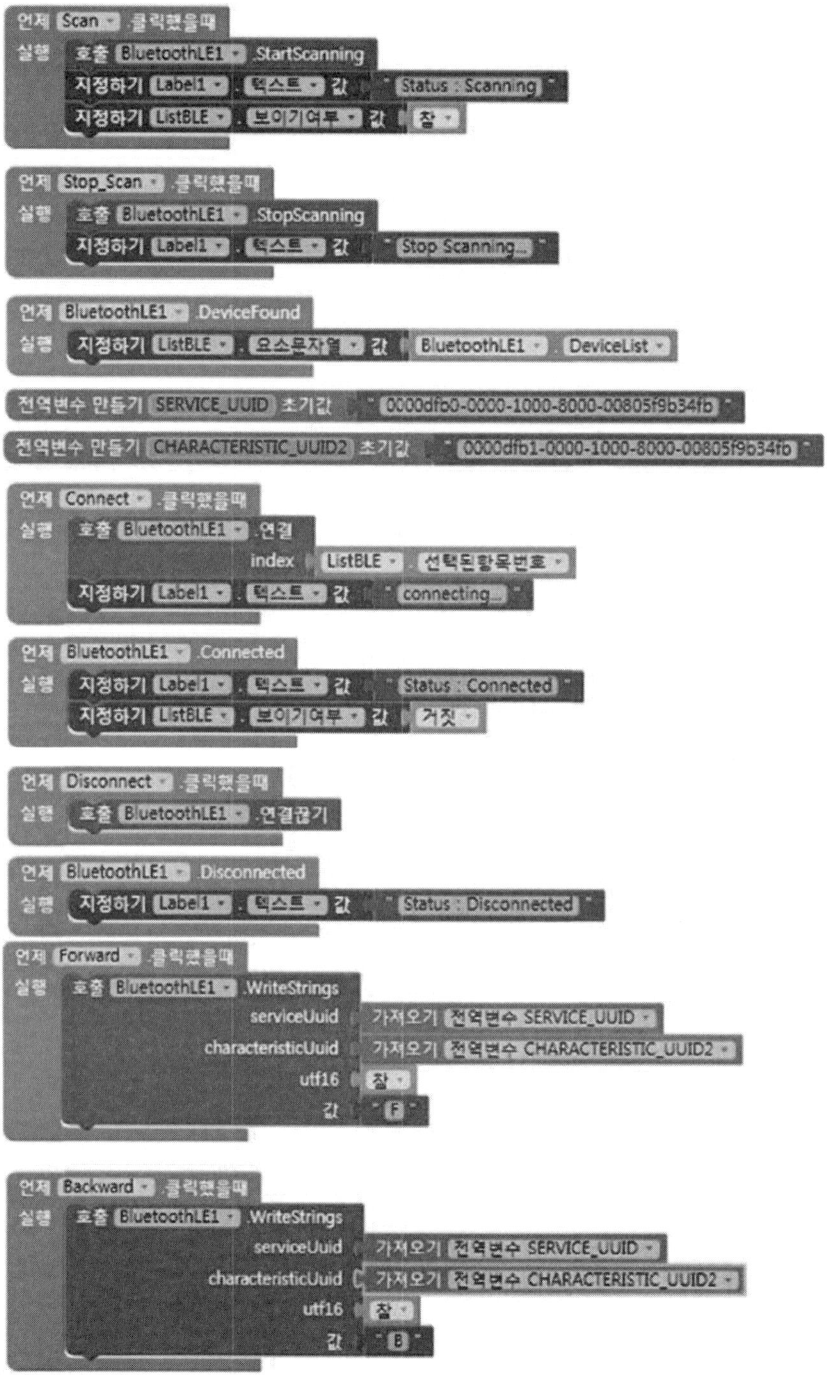

언제 Left .클릭했을때
실행 호출 BluetoothLE1 .WriteStrings
serviceUuid 가져오기 전역변수 SERVICE_UUID
characteristicUuid 가져오기 전역변수 CHARACTERISTIC_UUID2
utf16 참
값 " L "
언제 Disconnect .클릭했을때
실행 호출 BluetoothLE1 .연결끊기
언제 BluetoothLE1 .Disconnected
실행 지정하기 Label1 . 텍스트 값 " Status : Disconnected "
언제 Forward .클릭했을때
실행 호출 BluetoothLE1 .WriteStrings
serviceUuid 가져오기 전역변수 SERVICE_UUID
characteristicUuid 가져오기 전역변수 CHARACTERISTIC_UUID2
utf16 참
값 " F "
언제 Backward .클릭했을때
실행 호출 BluetoothLE1 .WriteStrings
serviceUuid 가져오기 전역변수 SERVICE_UUID
characteristicUuid 가져오기 전역변수 CHARACTERISTIC_UUID2
utf16 참
값 " B "
언제 Left .클릭했을때
실행 호출 BluetoothLE1 .WriteStrings
serviceUuid 가져오기 전역변수 SERVICE_UUID
characteristicUuid 가져오기 전역변수 CHARACTERISTIC_UUID2
utf16 참
값 " L "
언제 Right .클릭했을때
실행 호출 BluetoothLE1 .WriteStrings
serviceUuid 가져오기 전역변수 SERVICE_UUID
characteristicUuid 가져오기 전역변수 CHARACTERISTIC_UUID2
utf16 참
값 " R "

그림 7-84 완성된 제어앱의 전체 블록 코딩 화면

소금쟁이 로봇을 안드로이드 스마트폰을 이용해서 작동시킬 수 있는 앱 프로그램의 코딩이 드디어 완료되었다. 실제로 소금쟁이 로봇을 구동할 수 있도록 스마트폰에 이 앱을 설치하여야 한다.

앞에서 만든 제어앱 스마트폰에 설치하기 위해서는 먼저 이 앱을 설치할 수 있도록 하는 앱이 필요하다.

Play Store에서 아래 그림 7-85를 찾아서 스마트폰에 설치를 한다.

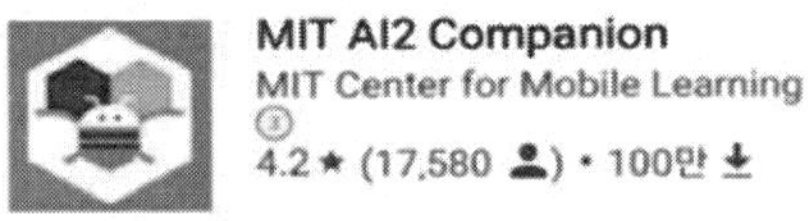

그림 7-85 MIT AI2 Companion 설치 화면

설치가 완료되면, 이 앱를 연 후 Designer 창으로 가서 좌측 상단의 Build를 클릭하면 그림 7-86과 같이 2가지 서브 메뉴가 나타난다.

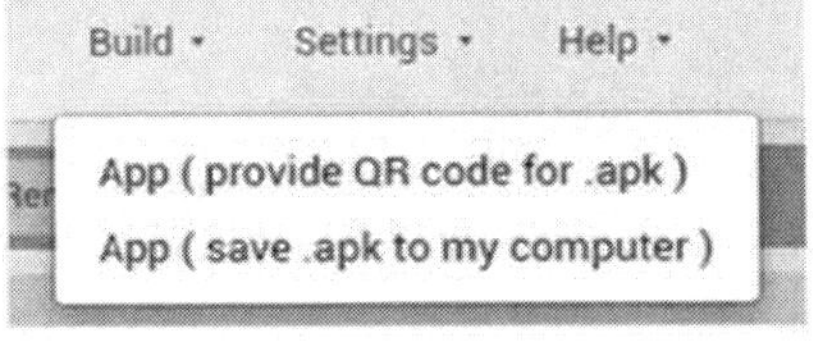

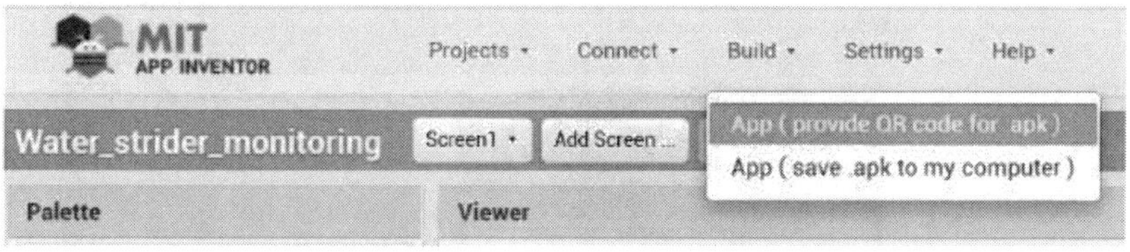

그림 7-86 Build의 Sub 메뉴

상단의 “App(provide QR code for .apk)”는 앱을 설치할 수 있는 QR 코드를 생성하는데 앞에서 스마트폰에 설치한 MIT AI2 Companion을 이용하여 QR 코드를 스캔하면 자동적으로 스마트폰에 앱이 설치되게 된다. 아래에 있는 App(save .apk to my computer)는 제작한 앱을 apk의 형태로 컴퓨터에 저장하는 메뉴이다.

여기서는 App(provide QR code for .apk)을 이용하여 QR 코드를 만들고 MIT AI2 Companion으로 QR 코드 스캔하여 앱을 설치해보기로 한다.

Build-App(provide QR code for .apk)를 클릭하면 그림 7-87과 같이 Build가 진행되는 화면이 나타난다.

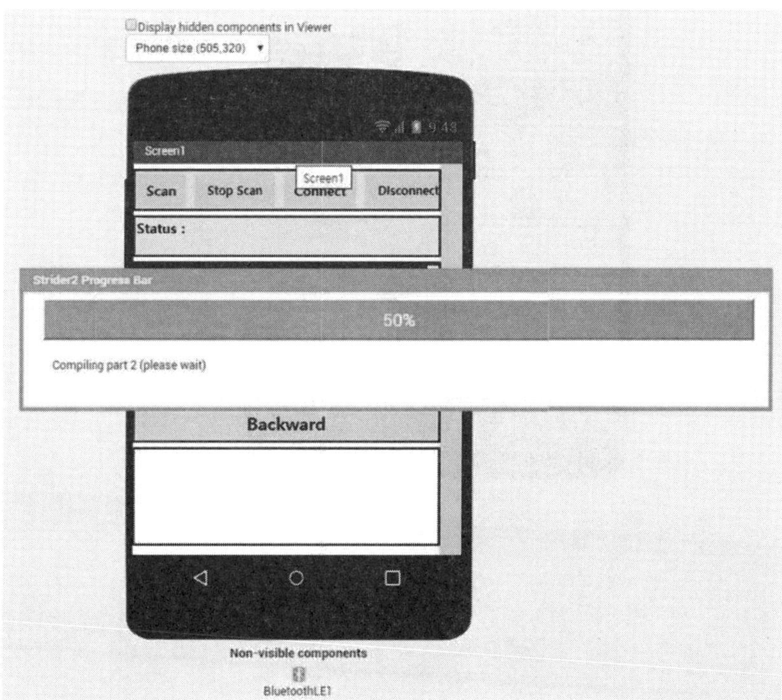

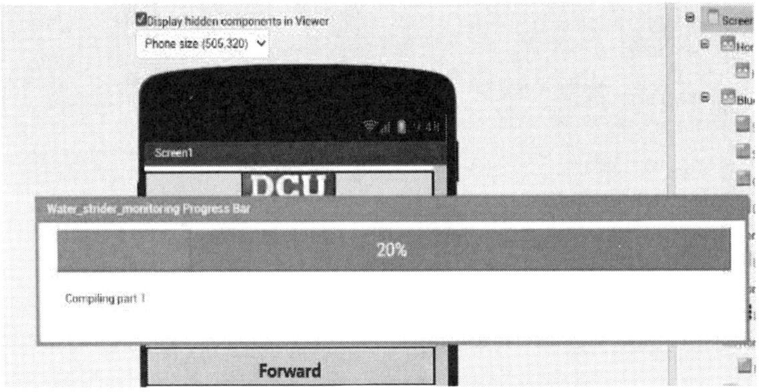

그림 7-87 Build 진행 화면

Build 작업이 완료되면 그림 7-88과 같이 화면에 QR 코드가 생성된다.

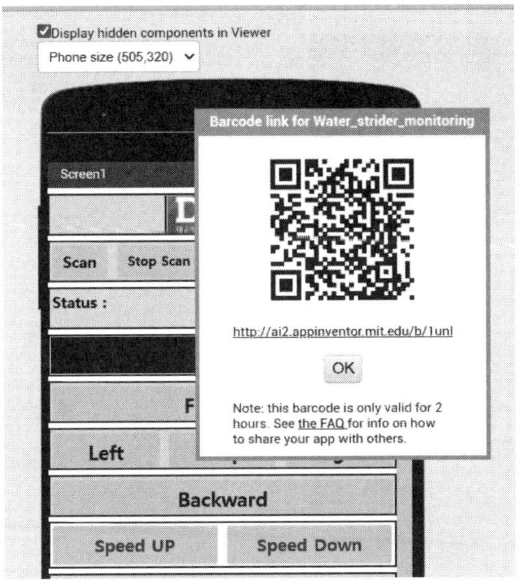

그림 7-88 QR 코드 생성

이제 스마트폰에서 MIT App Inventor2를 실행시키면, 그림 7-89와 같이 화면이 표시되는데 표시된 화면에서 scan QR code 버튼을 클릭하면 카메라가 작동되고 PC 화면에 생성된 QR 코드에 초점을 맞추면 자동으로 스캔이 되며 파일 다운로드를 할 것인지를 묻는 창에서 다운로드를 클릭하면 Build한 Apk 파일이 다운로드 된다.

그림 7-89 MIT AI2 Companion 실행 화면

그림 7-90 Strider2 설치 완료

외부 출처가 불명확한 파일의 경우 스마트폰에 악성 코드를 생성할 수 있기 때문에 이를 방지하기 위하여 사용자에서 설치에 대한 확인을 받기 위한 것이므로, 화면에서 설정을 누르면 그림 7-90과 같은 화면이 표시되는데 여기서 "이 출처확인"을 ON으로 변경하면 다운로드한 Apk 파일의 설치가 시작된다.

스마트폰에 설치된 앱을 확인해보면 방금 설치한 앱이 성공적으로 설치되었음을 알 수 있다. 이제 앱을 실행하면 그림 7-91과 같은 화면이 나타난다.

그림 7-91 화면에서 블루투스를 연결하기 위해 Scan 버튼을 누르면 그림 7-92와 같은 화면이 나타난다.

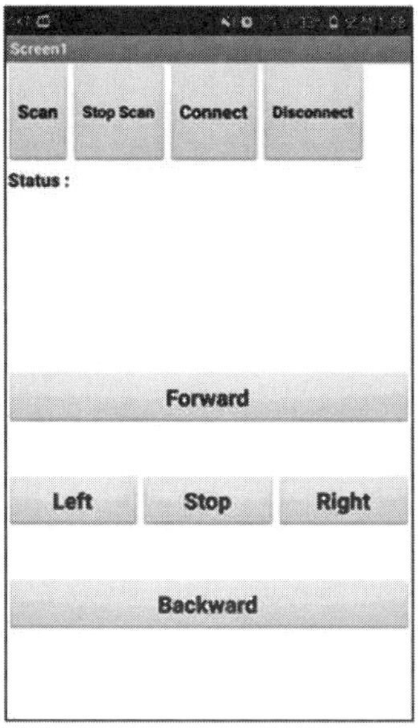

그림 7-91 Strider2 App 실행 화면

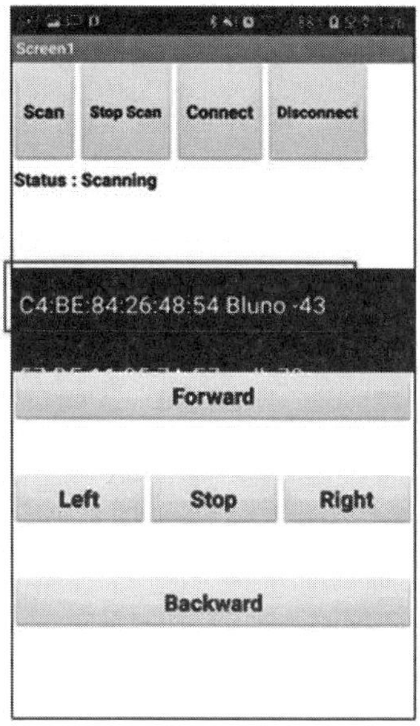

그림 7-92 Strider2 App Scan 화면

그림 7-92를 보면 Bluno가 Scan되어 나타나는 것을 확인 할 수 있다. Scan된 Bluno를 선택한 후 상단의 Conncet 버튼을 누르면 그림 7-93과 같은 화면이 나타난다.

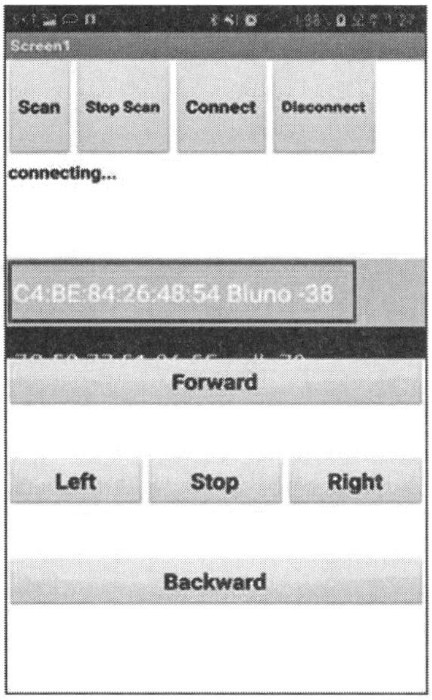

그림 7-93 Strider2 앱의 연결시도 화면

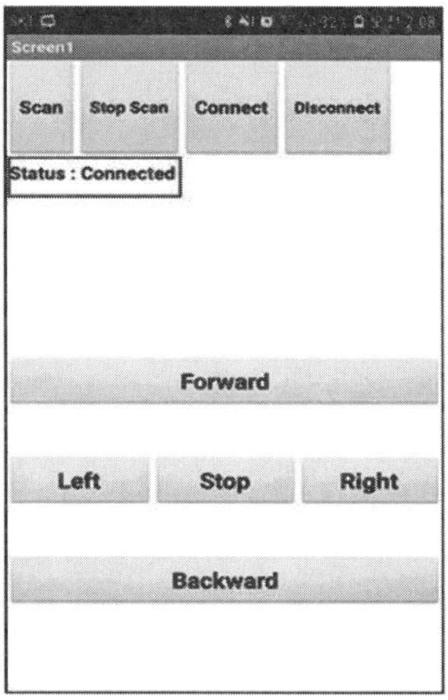

그림 7-94 Strider2 App 연결 화면

성공적으로 연결이 되었다면 그림 7-94처럼 “connecting…” 문장이 “Connected”로 바뀌게 된다.

위의 화면이 나오면, 연결이 성공적으로 되었다는 것을 나타내므로 버튼들을 눌러 소금쟁이를 구동시킬 수 있다.

CHAPTER 08

앱을 이용하여 소금쟁이 로봇 속도 제어 하기

8.1 앱인벤터 코딩하기

먼저 속도 제어 앱을 만들기 위하여 App Inventor2에서 앞에서 만든 앱을 그림 8-1처럼 “My Projects-Save project as…” 클릭하여 “Strider_Speed_Control”라고 입력하고 OK 버튼을 누르면,

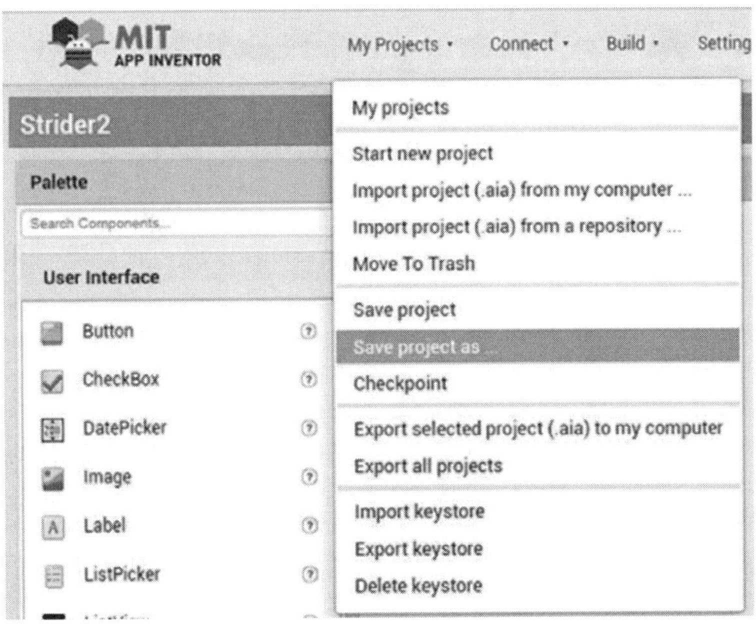

그림 8-1 Strider_Speed_Control App 저장하기

화면 상단에 

처럼 이름이 바뀌었음을 확인할 수 있다. 또한 “My Projects”로 가서 목록을 보면 위에서 이름을 변경한 앱의 복사본이 존재하는 것을 확인할 수 있다.

이제 준비가 다 되었으니, 다시 “Strider_Speed_Control”의 Designer 화면으로 돌아가 Viewer 창의 스마트폰 화면에서 제일 아래쪽 “HorizontalArrangement7” 안에 2개의 Button을 그림 8-2처럼 드래그한다.

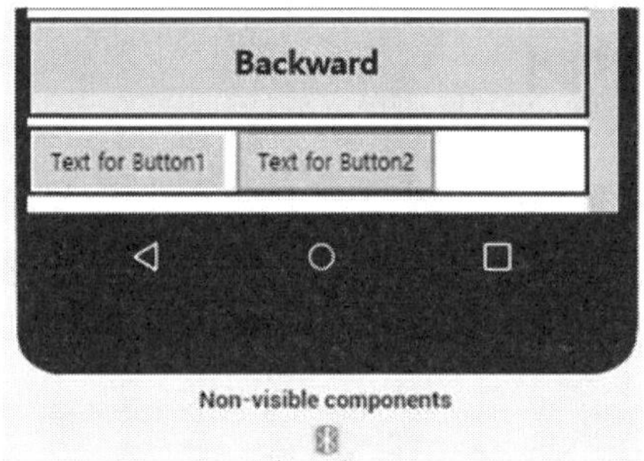

그림 8-2 Strider_Speed_Control Designer 화면 Button 추가

앞 장에서 진행했던 방법과 동일한 방법으로 버튼의 Text를 변경하고 Button의 이름을 변경한다.

Button의 Text와 Button의 이름을 그림 8-3처럼 변경한다.

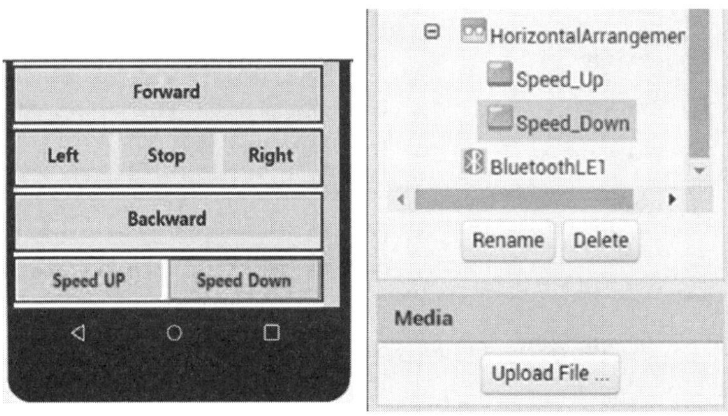

그림 8-3 Strider_Speed_Control Designer 화면 Button 이름 변경

이제 Designer 창에서의 작업은 모두 완료되었으니 Blocks 창으로 이동하여 필요한 코딩 작업을 진행한다.

모든 코딩 작업은 앞에서 진행했던 소금쟁이를 작동시키기 위하여 했던 작업과 동일하다. 먼저 Blocks 창에 가서 Designer에서 만든 Speed_Up 버튼을 클릭하여

을 선택한 후 드래그하여 Viewer 창으로 옮겨 놓는다.

Speed_Down 버튼도 동일한 방법으로 클릭하여

을 선택한 후 드래그하여 Viewer 창으로 가져온다.

Speed_Up과 Speed_Down의 When ~ Click에 “Right” 코딩 블록에서 BluetoothLE 블록을 복사하여 끼워 놓는다. 그림 8-4처럼 앞에서 만든 블록 코딩을 완성한다.

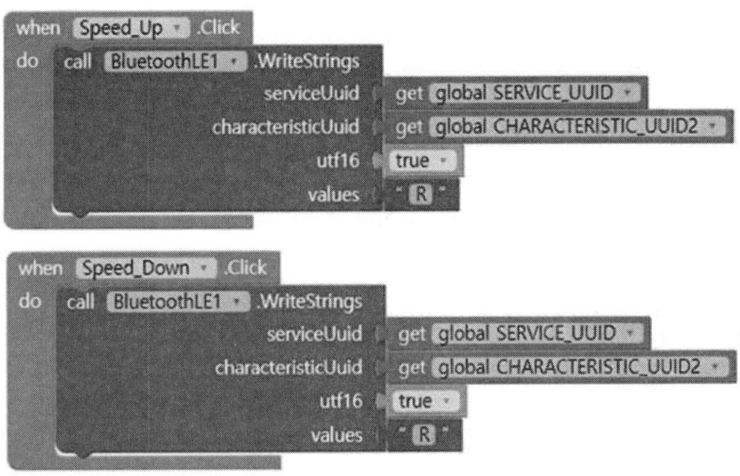

그림 8-4 Speed_up, Speed_Down 블록 코딩 화면을 위한 Right 코딩 블록 복사

Speed_Up, Speed_Down 버튼을 클릭할 때마다 일정한 값(문자)을 BluetoothLE를 통해 송신될 수 있도록 values 값을 변경한다. 그림 8-5와 같이 Speed_Up의 경우 전송 문자값을 “U”로, Speed_Down의 경우 전송 문자값을 “D”로 변경한다.

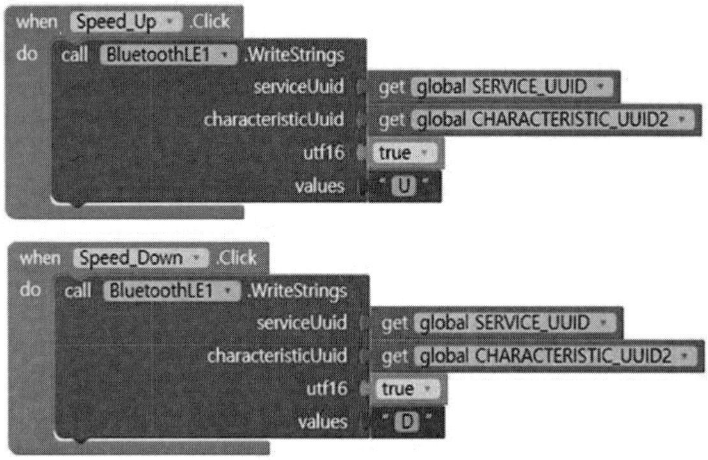

그림 8-5 Speed_up, Speed_Down 블록 코딩 화면

example §

```
void loop() {
  // put your main code here, to run repeatedly:
  if(Serial.available()) {
    command = Serial.read();
    switch(command) {
      case 'F':
              goAhead();
              break;
      case 'B':
              goBack();
              break;
      case 'L':
              goLeft();
              break;
      case 'R':
              goRight();
              break;

      case 'S':
              Stop();
              break;

      case 'U':         //for Speed UP
             Speed_Up();
             break;
      case 'D':
             Speed_Down(); //for Speed Down
             break;
    }
```

그림 8-6 소금쟁이 로봇의 속도 제어를 위한 함수 추가_아두이노 코딩

8.2 아두이노 코딩하기

이제 소금쟁이 로봇의 속도를 제어할 수 있는 스마트폰 앱의 제작이 완료되었다. “Strider_Speed_Control” 앱을 앞에서 설명한 방법으로 스마트폰에 설치한다. 앱에서 내보내는 신호를 소금쟁이 로봇의 제어기에서 수신하여 속도를 변화시키는 작업을 수행하기 위해서는 블로노나노 보드에 코드를 추가하여야 한다. 이를 위하여, 7.2설에서 코딩한 아두이노 프로그램을 열어서 switch 문에 그림 8-6과 같이 코드를 추가한다.

다음으로 속도제어를 위한 Speed_Up(), Speed_Down() 함수에 대한 코딩을 그림 8-7과 같이 진행한다.

```
void Speed_Up()
{
    goAhead();
    goBack();
  if(speed < 256)
  {
    speed=speed+10;
    if(speed>255) speed=255;
    Serial.print("speed_up:");
    Serial.println(speed); //Speed 값을 확인하기 위하여

   }
}

void Speed_Down()
{
    goAhead();
    goBack();

  if(speed<256)
  {
  speed=speed-10;
  if(speed<0) speed=0;
  Serial.print("speed_down:");
  Serial.println(speed);  //Speed 값을 확인하기 위하여

}
else
{
  speed=255;
}
}
```

그림 8-7 속도 조절 할 수 추가하기_아두이노 코딩

Speed_Up() 함수

- 120 ~ 122번 줄 : 앞에서 우리는 speed 변수를 선언하면서 기본값으로 125로 설정하였다. Speed_Up() 함수 코딩에서는 Speed 기본값을 기준으로 스마트폰에서 "Speed Up" 버튼이 클릭 될 때 마다 속도가 10씩 증가하도록 하였다. 즉, Speed = Speed + 10의 의미는 현재의 Speed 값에 10을 더해서 Speed 값으로 재설정한다는 것이다.
- 123번 줄 : Speed 값이 증가하다가 256보다 크면 Speed 값을 255로 설정한다.

제어기가 8bit인 2의 8승인 256까지 출력되므로 최대값은 255이다.

Speed_Down() 함수

- 135 ~ 137번 줄 : Speed_Up() 함수와 반대로 스마트폰에서 "Speed Down" 버튼이 클릭 될 때마다 속도가 10씩 감소하도록 하였다. 즉, Speed = Speed - 10의 의미는 현재의 Speed 값에 10을 빼서 Speed 값으로 설정한다는 것이다.

코딩이 정상적으로 작동되는지를 확인하기 위해 몇 줄의 코딩을 다음 그림 8-8처럼 추가한다.

```
void goAhead() //전진
{

  digitalWrite(STBY, HIGH);
  digitalWrite(AIN1,LOW);
  digitalWrite(AIN2,HIGH);
  analogWrite(PWMA, speed);
  digitalWrite(BIN1,LOW);
  digitalWrite(BIN2,HIGH);
  analogWrite(PWMB,speed);
  Serial.print("motor_speed:");    //Speed값 확인을 위해
  Serial.println(speed);
}
```

그림 8-8 전진 함수 코딩 화면

Speed_Up() 함수에서 증가된 속도가 goAhead() 함수의 속도로 넘어왔는지 확인하기 위해 위와 같이 코딩작업을 한 후 시리얼 모니터에서 확인을 한다. 아두이노의 시리얼

모니터 창을 열고 전송창에 "U"나 "D"를 입력하고 "전송" 버튼을 클릭하여 보자.

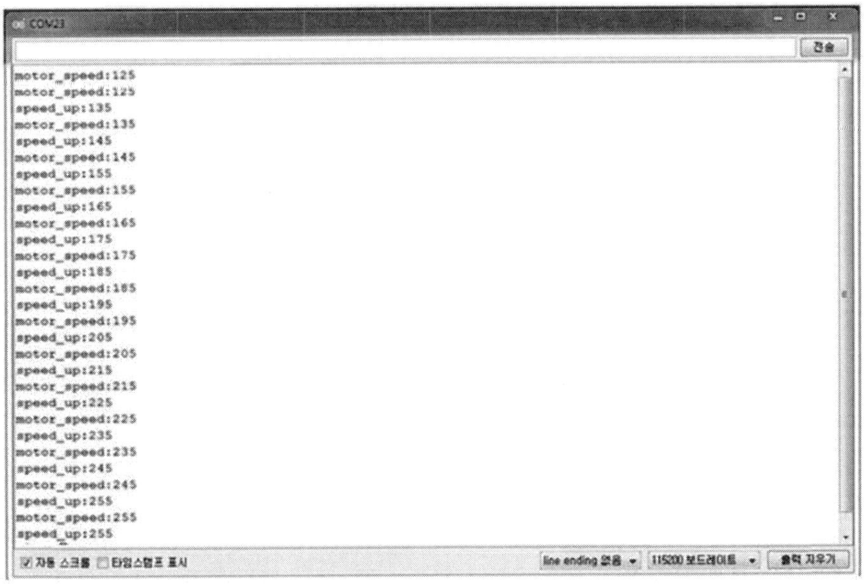

그림 8-9 속도 증가를 보여 주는 시리얼 모니터 화면

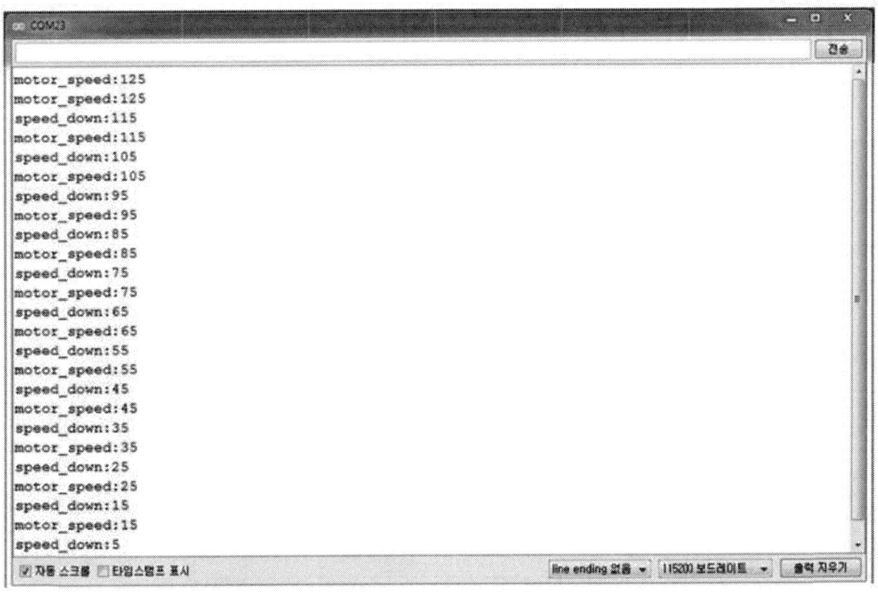

그림 8-10 속도 감소를 보여주는 시리얼 모니터 화면

"U"를 반복적으로 입력하여 속도 변화를 확인해보면 마지막에는 그림 8-9와 같이 더 이상 속도값이 증가하지 않고 최대값 255만 표시되는 것을 확인할 수 있다. 그림 8-9 그림 8-10을 보면 Speed_Up(), Speed_Down() 함수의 속도와 goAhead()의 속도가 일치하다는 것을 확인 할 수 있다. 속도 조절 함수는 전진과 후진 함수에만 적용되도록 코딩하였다.

Speed_Up과 Speed Down 버튼에 정상적으로 작동되는 것을 확인했으면 print 문을 그림 8-11과 같이 주석 처리하고 프로그램을 업로드한다.

```
void goAhead() //전진
{

  digitalWrite(STBY, HIGH);
  digitalWrite(AIN1,LOW);
  digitalWrite(AIN2,HIGH);
  analogWrite(PWMA, speed);
  digitalWrite(BIN1,LOW);
  digitalWrite(BIN2,HIGH);
  analogWrite(PWMB,speed);
//  Serial.print("motor_speed:");   //Speed값 확인을 위해
//  Serial.println(speed);
}
```

```
void Speed_Up()
{
    goAhead();
    goBack();
  if(speed < 256)
  {
    speed=speed+10;
    if(speed>255) speed=255;
//    Serial.print("speed_up:");
//    Serial.println(speed); //Speed 값을 확인하기 위하여
```

```
void Speed_Down()
{
    goAhead();
    goBack();

  if(speed<256)
  {
  speed=speed-10;
  if(speed<0) speed=0;
//  Serial.print("speed_down:");
//  Serial.println(speed);  //Speed 값을 확인하기 위하여

}
```

그림 8-11 goAhead(), Speed_Up(), Speed_Down() 주석 처리

이제 모든 코딩작업을 완료하였으므로, 스마트폰을 이용해 소금쟁이 로봇과 연결하여 속도 조절하면서 작동시킬 수 있다.

다음 장에서는 소금쟁이 로봇의 활용 예로 온습도 센서를 장착하여 주변의 환경을 모니터링하는 모습을 소개한다.

CHAPTER 09

소금쟁이 로봇의 활용 – 온습도 센서를 장착하여 주변 환경 모니터링 하기

9.1 DHT 11 온습도 센서의 이해

[1] DHT 11 온습도 센서

DHT 11은 온도와 습도를 동시에 측정할 수 있는 센서로서 저렴하면서 성능이 우수한 센서로 많이 사용되는 제품이다.

그림 9-1 DHT 11 센서

DHT 11은 내부에 써미스터와 정전식 습도 센서가 내장되어 있다. 써미스터는 온도에 따라 저항값이 변하는 소자이며, 정전식 습도 센서는 습도에 따라 저항값이 변하는 소자이다. DHT 11 센서는 총 4개의 핀으로 구성되어 있는데 그림 9-1에서 보는 바와 같이 1번 VCC, 2번 Data, 4번은 GND이며 3번 핀은 사용하지 않는다. DHT 11의 회로 배선은 그림 9-2와 같이 연결하며, 일반적으로 2번 Data 핀에는 그림 9-2같이 5k의 저항을 연결하여 사용한다. 대개의 경우는 항을 연결하지 않아도 잘 작동한다.

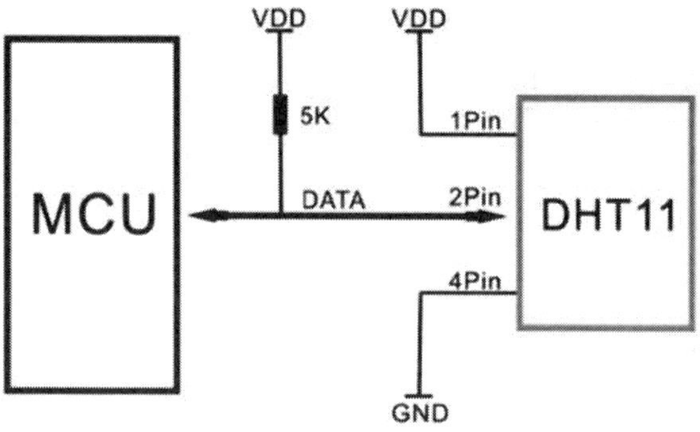

그림 9-2 DHT 11 회로도

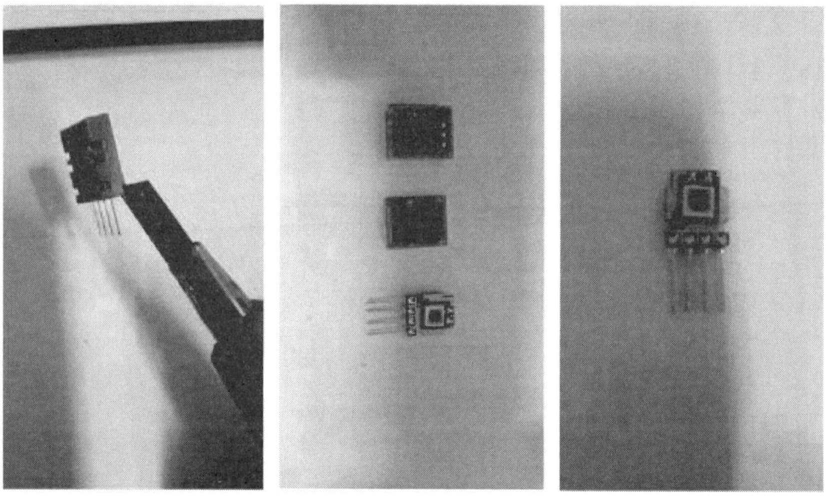

그림 9-3 DHT 11 센서 분리

소금쟁이 로봇에 장착된 블루노나노에 DHT 11을 연결하기 위해서는 최대한 무게를 줄이는 것이 필요하기 때문에 우리는 DHT 11의 케이스를 분리한 후 그림 9-3처럼 내부의 센서 부분만을 블루노나노 보드에 연결할 것이다. 케이스 분리는 커터칼을 이용해 연결 부위를 벌리면 간단히 분리가 된다.

9.2 아두이노를 이용하여 센서값 읽기

DHT 11은 성능이나 가격적인 측면에서는 장점이 많지만 온습도 센싱값을 받기 위해서는 몇 가지 라이브러리를 설치하여야 한다. 라이브러리를 설치하기 위해서는 Arduino IDE을 실행하고 "툴 - 라이브러리 관리"를 클릭하면 그림 9-4와 같이 "라이브러리 매니저" 창에서 "DHT"을 입력하면 DHT 센서에 관련된 리스트가 나타나다. 여기서 "DHTSensor library"를 클릭하고 설치한다.

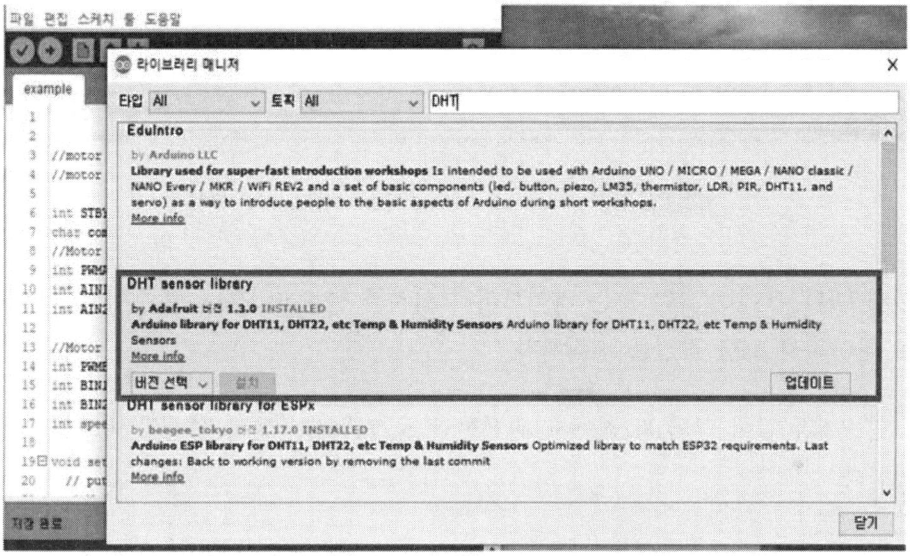

그림 9-4 DHT Sensor library 설치

설치가 완료되었으면 두 번째로 검색 창에서 "Adafruit Unified Sensor"를 입력하여 검색 후 위에서와 동일하게 설치한다.

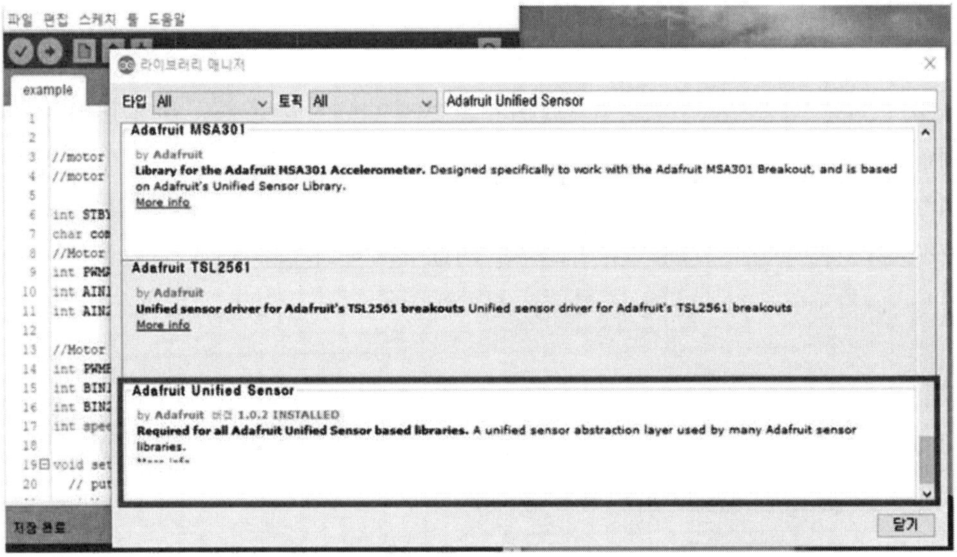

그림 9-5 Adafruit Unified Sensor library 설치

이제 DHT 11에 필요한 모든 라이브러리 설치를 완료하였으니, 아두이노 IDE 화면으로 돌아와서 코딩 작업을 시작하자.

그림 9-6과 같이 앞의 8.2절에서 완성한 프로그램의 상단에 빨간색 박스의 내용을 추가한다.

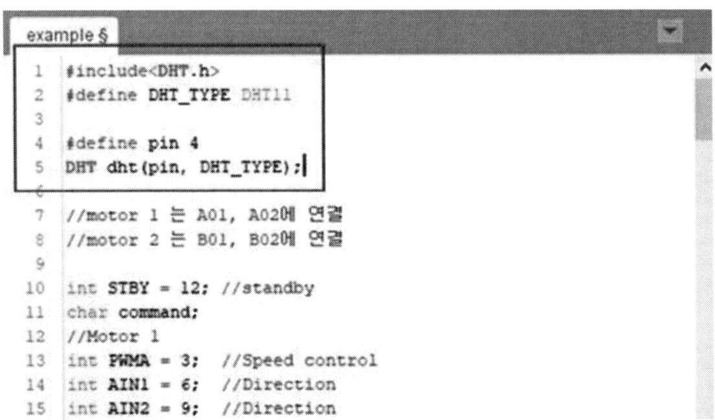

그림 9-6 온습도 제어를 위한 코딩 추가(1)

온습도 Library 설정

- 1번 줄 : DHT 11 온습도 센서의 라이브러리인 “DHT.h” 헤드 파일을 포함시킨다.
- 2번 줄 : 온습도 센서의 Type은 DHT 11로 설정한다.
  (라이브러리 상에 DHT 11, DHT 22 두 종류의 온습도 센서 설정이 가능)
- 4번 줄 : 온습도 센싱 데이터의 입력은 블루노나노 보드의 4번 Pin을 사용한다.
- 5번 줄 : dht라는 객체(object)를 생성한다.

이렇게 하면 온습도 센서의 기본 설정은 모두 완료된다.

다음으로 온습도 센서의 측정값을 시리얼 통신으로 출력한 후, 스마트폰의 앱에서 수신하여 스마트폰에서 그 값을 출력할 수 있도록 해보자.

그림 9-7과 같이 loop() 함수로 가서 실시간(real time)으로 온습도 측정값을 출력하는 코드를 추가한다.

```

void loop() {
  // put your main code here, to run repeatedly:
//---------- 온도 출력 ------------------------
  String s= "";
  int temp=dht.readTemperature();
      s+=temp;
      s+=",";

  int humid=dht.readHumidity();
      s+= humid;
  Serial.println(s);
  delay(1000);

////////////////////////////////////////////////////////

  if(Serial.available()) {
    command = Serial.read();
    switch(command) {
```

그림 9-7 온습도 제어를 위한 코딩 추가(2)

온습도 데이터 출력

- 38번 줄 : 출력 문자열 s를 선언한다.
- 39번 줄 : 온도값(temp)을 정수로 선언하고 온도값을 읽어온다.
- 40번 줄 : 읽어온 온도값을 출력 문자열 s에 대입한다.
- 41번 줄 : 습도값과 구분하기 위하여 “,”를 추가한다.
- 43번 줄 : 습도값(humid)을 정수로 선언하고 습도값을 읽어온다.
- 44번 줄 : 읽어온 습도값을 앞의 문자열 s에 추가한다.
- 45번 줄 : 출력 문자열 s를 시리얼 통신을 이용하여 출력한다.
- 46번 줄 : 센서에 측정 시간을 주기 위하여 지연 시간을 1초로 한다.

소금쟁이 로봇에 전원이 연결되면 loop() 함수가 반복적으로 작동하면서 실시간으로 온습도 측정값을 출력하는 코드 구조이다. 이제 코딩이 완료되었으니 블루노나노 보드로 제어기에 작성한 프로그램을 업로드하자. 업로드가 완료되었으면 시리얼 모니터를 열고 온습도 데이터가 정상적으로 출력되는지 확인해 본다. 그림 9-8과 같이 출력이 되면 프로그램 코딩이 정상적으로 작성된 것이다.

그림 9-8 실시간으로 온습도 측정값을 시리얼 모니터로 출력

이제 블루노나노 보드에 업로드 해야 할 아두이노 프로그램 코딩은 완료되었으니, 온습도 센서에서 출력되는 온습도 값을 스마트폰 앱을 이용해서 모니터링 할 수 있도록 App Inventor2를 이용하여 앱 코딩 작업을 해보도록 하자. 여러분의 확인을 위하여 소금쟁이 로봇의 구동 제어와 온습도 측정과 관련한 전체 코드를 그림 9-9에 표시하였으니 참조하기 바란다.

chap8_Strider2_temp_humi

```
#include<DHT.h>
#define DHT_TYPE DHT11

#define pin 4
DHT dht(pin, DHT_TYPE);

char command;
//motor 1 는 A01, A02에 연결
//motor 2 는 B01, B02에 연결

int STBY = 10; //stanby

//Motor 1
int PWMA = 3; //Speed control
int AIN1 = 9; //Direction
int AIN2 = 8; //Direction

//Motor 2
int PWMB = 5; //Speed control
int BIN1 = 11; //Direction
int BIN2 = 12; //Direction
int speed = 125; //Speed

void setup() {
  // put your setup code here, to run once:
  pinMode(STBY, OUTPUT);
  pinMode(PWMA, OUTPUT);
  pinMode(AIN1, OUTPUT);
  pinMode(AIN2, OUTPUT);
  pinMode(PWMB, OUTPUT);
  pinMode(BIN1, OUTPUT);
  pinMode(BIN2, OUTPUT);
  Serial.begin(115200);
}
```

```

void loop() {
  // put your main code here, to run repeatedly:
  //---------온도 출력----------------------------
  String s="";
  int temp=dht.readTemperature();
  s+=temp;
  s+=",";

  int humid=dht.readHumidity();
  s+=humid;
  Serial.println(s);
  delay(1000);

  ///////////////////////////////////////////////////

 if(Serial.available()) {
    command = Serial.read();
    switch(command) {
      case 'F':
              goAhead();
              break;
      case 'B':
              goBack();
              break;
      case 'L':
              goLeft();
              break;
      case 'R':
              goRight();
              break;

      case 'S':
              Stop();
              break;

      case 'U':
             Speed_Up();
             break;

      case 'D':
             Speed_Down();
             break;
      }
 }

}
```

```
void goAhead() //전진
{

  digitalWrite(STBY, HIGH);
  digitalWrite(AIN1,LOW);
  digitalWrite(AIN2,HIGH);
  analogWrite(PWMA, speed);
  digitalWrite(BIN1,LOW);
  digitalWrite(BIN2,HIGH);
  analogWrite(PWMB,speed);
  Serial.print("motor_speed:");
  Serial.println(speed);
}

void goBack() //후진
{
  digitalWrite(STBY, HIGH);
  digitalWrite(AIN1,HIGH);
  digitalWrite(AIN2,LOW);
  analogWrite(PWMA, speed);
  digitalWrite(BIN1,HIGH);
  digitalWrite(BIN2,LOW);
  analogWrite(PWMB,speed);
}

void goLeft() //좌회전
{
  digitalWrite(STBY, HIGH);
  digitalWrite(AIN1,LOW);
  digitalWrite(AIN2,HIGH);
  analogWrite(PWMA, speed);
  digitalWrite(BIN1,HIGH);
  digitalWrite(BIN2,LOW);
  analogWrite(PWMB,speed);
}

void goRight() //우회전
{
  digitalWrite(STBY, HIGH);
  digitalWrite(AIN1,HIGH);
  digitalWrite(AIN2,LOW);
  analogWrite(PWMA, speed);
  digitalWrite(BIN1,LOW);
  digitalWrite(BIN2,HIGH);
  analogWrite(PWMB,speed);
}
```

```
void Stop()
{
  digitalWrite(STBY,LOW);
}

void Speed_Up()
{
    goAhead();
    goBack();
  if(speed < 256)
  {
    speed=speed+10;
    if(speed>255) speed=255;
    Serial.print("speed_up:");
    Serial.println(speed); //Speed 값을 확인하기 위하여

   }

}

void Speed_Down()
{
    goAhead();
    goBack();

  if(speed<256)
  {
  speed=speed-10;
  if(speed<0) speed=0;
  Serial.print("speed_down:");
  Serial.println(speed);  //Speed 값을 확인하기 위하여

}
else
{
  speed=255;
}
}
```

그림 9-9 소금쟁이 로봇의 구동 제어 및 온습도 측정과 관련한 전체 소스 코드

9.3 안드로이드 스마트폰에서 센서값 읽기

다시 App Inventor2 개발 화면으로 돌아와서 소금쟁이 로봇이 실시간으로 전송하는 온습도 데이터를 스마트폰에서 모니터링 할 수 있도록 구현하는 앱 코딩 작업을 진행한다.

먼저 앞의 8-1절에서 만든 앱을 열기하여 화면에 띄운 후 복사한다. "My Project - Save project as…"을 클릭하여 새로운 이름을 입력하는 창이 뜨면 "Water_strider_monitoring" 이라고 입력하고 OK 버튼을 누르고 빠져나오면 앞에서 만든 앱이 그대로 복사가 된다. (참고로, 파일 이름은 각자가 원하는 이름을 입력해도 된다.)

먼저 designer 화면 Palette 창의 layout에서 HorizontalArrangement를 선택한 후 드래그하여 Viwer 창의 스마트폰 화면의 제일 아래 부분으로 옮겨 놓는다. 앞에서와 같이 HorizontalArrangment의 Height와 Width를 Fill Parent로 설정한다.

다시 Palette 창의 User Interface에서 Label을 선택한 후 드래그하여 앞에 만든 HorizontalArrangement에 놓는다. 같은 방법으로 Lable을 3번 선택한 후 드래그하여 그림 9-10과 같이 붙여 놓는다.

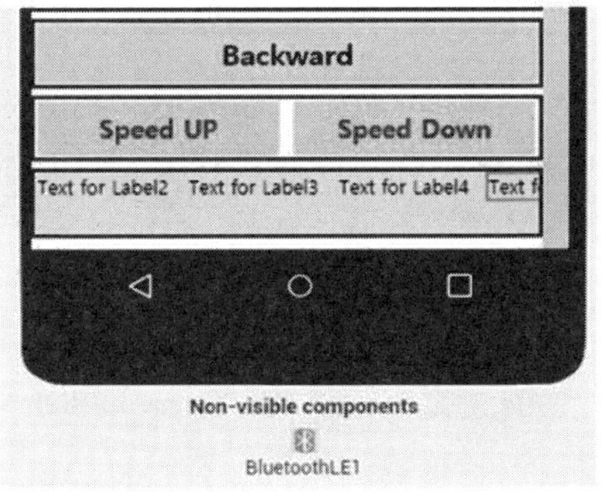

그림 9-10 온습도 앱 Design 화면(1)

이제 각각의 Label의 Width을 Fill parent로 설정하고 각 Label의 Properties를 다음과 같이 변경한다.

[표 9-1] Text Label Properties

	Text	FontSize	FontBold
Text for Label2	Temp	16	√
Text for Label3	공란	20	√
Text for Label4	Humidity	16	√
Text for Label5	공란	20	√

그림 9-11은 Text를 위의 표와 같이 변경한 후의 그림이다.

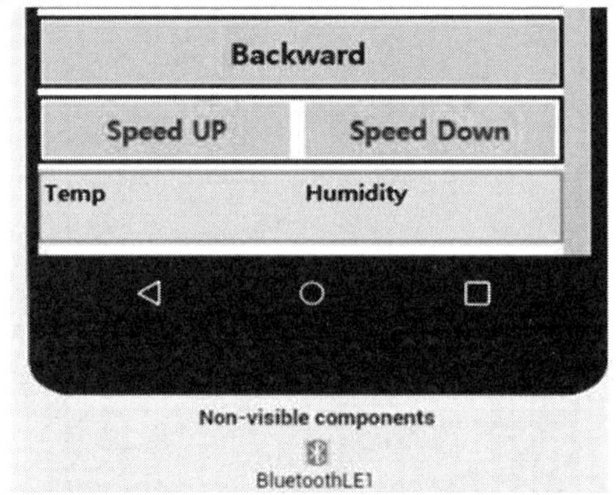

그림 9-11 온습도 앱 Design 화면(2)

이제 Components 창에서 Label의 이름을 그림 9-12와 같이 변경을 한다. 이렇게 이름을 변경하는 이유는 블록 코딩을 할 때 손쉽게 필요 블록을 찾아내고 오류를 줄여주기 때문이다.

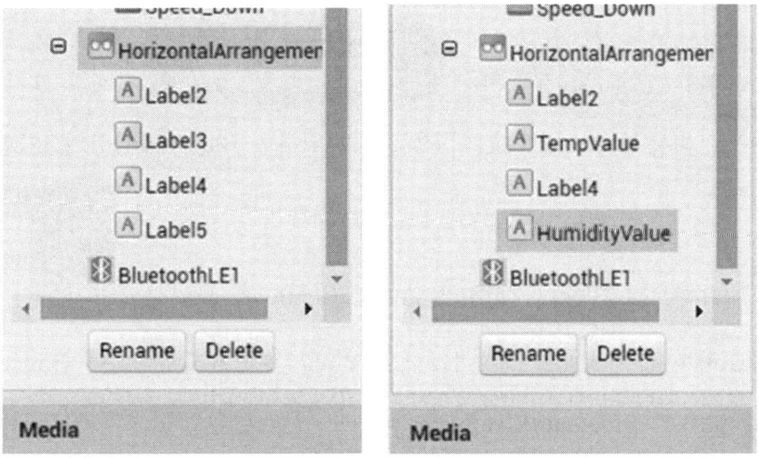

그림 9-12 Label 이름 변경

다음으로 Palette창의 Sensors에서 Clock을 선택한 후 드래그하여 Viewer창의 Non-visible components의 영역으로 이동시킨다. Clock은 센서 Data를 수신하는 시간 간격을 설정할 수 있도록 하는 역할을 한다. 그림 9-13은 Designer화면에서 작업이 완료된 모습을 보여 준다.

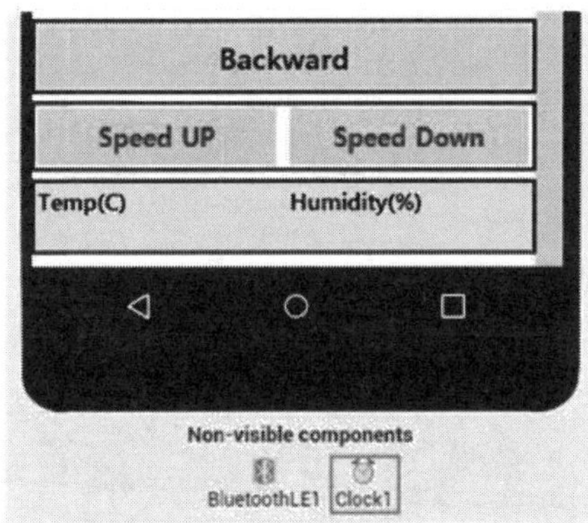

그림 9-13 온습도 앱 Design 화면(3)

Designer 화면에서 모든 작업이 완료되었으니 블록 코딩 작업을 위하여 Blocks 화면으로 이동을 한다.

Blocks 창에서 Clock1을 클릭하여 

을 선택한 후 드래그하여 Viewer 창으로 이동시킨다. Clock1이 작동하기 위하여 BluetoothLE1가 연결되어야 하는 조건이 필요하므로 Blocks 창 Built-in에서 Control을 클릭하고 

을 선택한 후 드래그하여 앞의 Clock1의 아래에 끼워 넣는다. if 문 다음에 BluetoothLE1이 연결되어야 하므로 BluetoothLE1을 클릭하고 

을 선택한 후 드래그하여 if 뒤의 홈에 끼워 넣는다. 다음으로 앞에서 아두이노 코딩할 때 센서 데이터를 문자열(string)로 출력하기로 약속을 하였으므로 BluetoothLE1을 클릭하고 

을 선택한 후 드래그하여 then 뒤의 홈에 끼워 넣는다.

위의 RegisterForString의 Block에 있는 serviceUuid, characteristicUuid, utf16은 앞에서 코딩 작업한 블록을 그대로 복사하여 붙여 넣으면 된다. 다음 그림 9-14는 Clock1의 if 문에 대한 코딩이 완료된 모습을 보여준다.

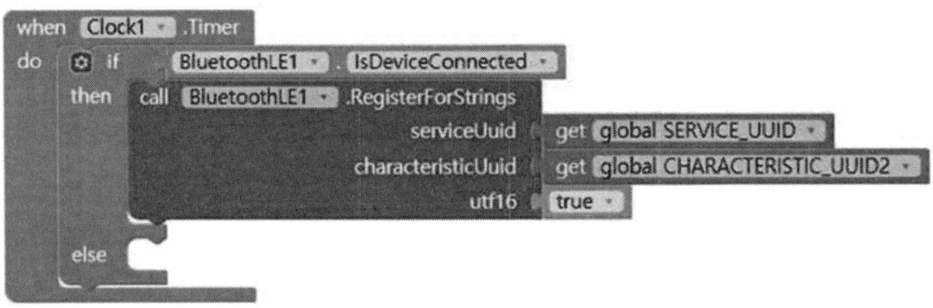

그림 9-14 Clock1의 if문 블록 코딩 완료 화면

마지막으로 else 문에 대한 코딩이 남았다. else 문은 if의 반대이므로 BluetoothLE1이 연결이 되어 있지 않은 상태를 나타내므로 소금쟁이 로봇이 보내는 데이터를 받을

수 없는 상황을 의미하므로 데이터가 표시되는 부분에 대한 설정이 필요하다. Blocks 창으로 가서 TempValue을 클릭하고 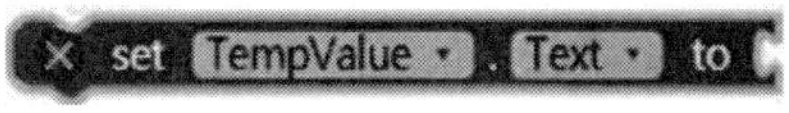

을 선택한 후 드래그하여 else뒤의 홈에 끼워 넣는다. Built-in의 Text에서  을 선택한 후 드래그하여 "to"에 끼워 넣고 " "사이에 "……"를 입력한다. 동일한 방법으로 HumidityValue을 클릭하고 

을 선택한 후 드래그하여 else 홈에 붙여 넣고 나머지 Text는 위의 TempValue와 동일한 방법으로 진행을 하여 다음 그림 9-15와 같이 Clock1에 대한 코딩 작업을 완료한다.

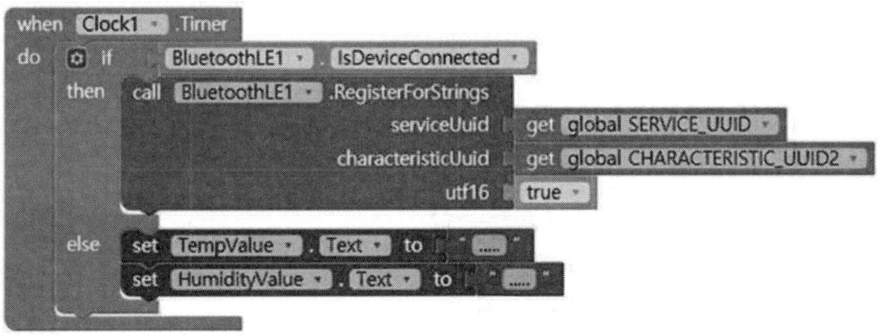

그림 9-15 Clock1의 전체 블록 코딩 완료 화면

이제는 BluetoothLE1을 통해 문자열 데이터를 받았을 때의 처리 과정을 진행한다.

우선 Blocks 창으로 가서 BluetoothLE1을 클릭하고 

을 선택한 후 드래그하여 Viewer 창으로 가져간다. 연속적으로 데이터를 받기 위해서는 조건을 설정할 필요가 있으므로, Built-in에서 Control을 클릭하고 

을 선택한 후 드래그하여 앞에서 만든 When의 홈에 끼워 넣는다. 수신되는 데이터가 빈 데이터가 아니라면 수신 작업을 진행하여야 하므로 이 부분에 대한 논리식이 필요하다. 논리식을 구현하기 위하여 Built-in에서 Logic을 클릭하고 

을 선택한 후 드래그하여 if 뒤의 홈에 끼워 넣는다. 다음으로 

을 선택한 후 드래그하

여 "not" 뒤의 홈에 끼워 넣는다. 위의 조건이 성립되면 입력된 데이터 값들이 수신되어야 하므로, Built-in에서 variables를 클릭하여  을 선택한 후 드래그하여 list 뒤의 홈에 끼워 넣는다. 끝으로 콤보박스를 누르면 그림 9-16과 같은 서브메뉴가 나오는데 여기서 stringValues를 선택한다.

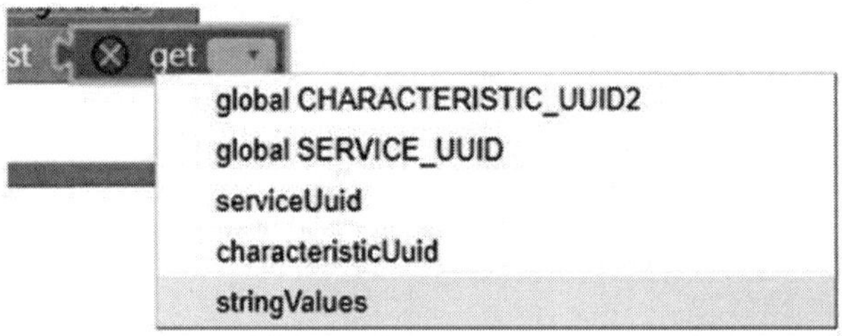

그림 9-16 서브 메뉴

stringValues의 값을 설정하기 위하여 Built-in의 variables를 클릭하고  을 선택한 후 드래그하여 if 문의 홈에 끼워 놓고 콤보 박스를 클릭하여 서브 메뉴에서 stringValues를 선택한다. 실시간 데이터를 배열에 저장하고 처리하기 위하여 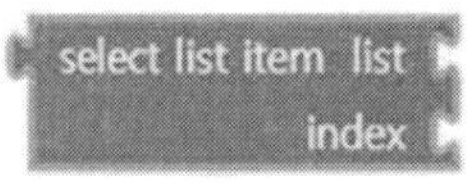 을 선택한 후 드래그하여 "to" 뒤의 홈에 끼워 넣는다. list에는 수신되어 받은 string 값을 대입하면 되므로 위의 문장에서  을 복사하여 끼워 넣는다. 끝으로 index에는 1을 지정하면 되는데 값을 대입하기 위하여 Built-in의 Math을 클릭하고  을 선택하여 index 홈에 끼워 놓고 값을 1로 변경한다.

다음 그림 9-17은 BluetoothLE1의 데이터 처리를 위한 코딩결과를 보여준다.

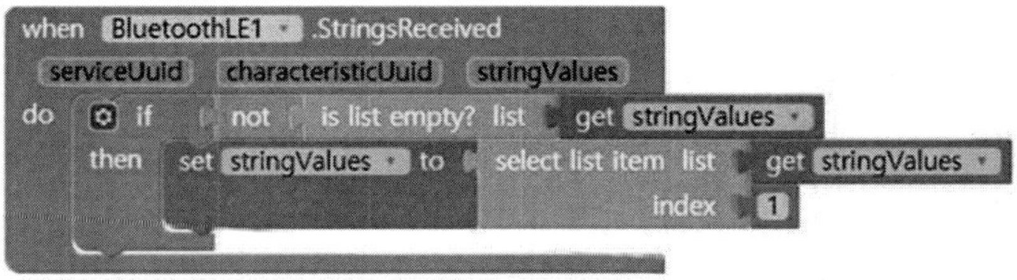

그림 9-17 Bluetooth 문자열 처리 블록 코딩 완료 화면

이제는 온도와 습도값을 스마트폰에 출력시키도록 TempValue와 HumidityValue의 Text를 세팅하는 작업만 남았다. 우선 blocks 창으로 가서 TempValue을 클릭하고 

을 선택한 후 드래그하여 앞의 if의 아래 홈에 끼워 넣는다. 다음으로 배열의 index를 설정한다. index 설정은 이미 앞에서 해보았으니 앞에서 복사하여 그림 9-18과 같이 코딩을 진행한다. 그런데 수신되는 데이터는 아두이노에서 온도와 습도값을 문자열로 출력하면서 온도와 습도를 구분하기 위하여 콤마(,)를 사용하였다. 즉 콤마(,)앞의 값은 온도이고 뒤의 값은 습도이므로 2개의 값을 분리할 필요가 있다. 이러한 분리를 할 수 있는 함수가 "split" 이다. split 함수를 사용하기 위하여 Built-in에서 Text를 클릭하고 

을 선택한 후 드래그하여 list 뒤 홈에 끼워 넣는다. split 함수에서 "text"는 수신되는 데이터 값이므로 

을 선택한 후 드래그하여 text 뒤 홈에 끼워 넣는다. 마지막으로 split 함수의 요소는 "," 이므로 "at" 뒤의 홈에 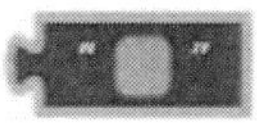 을 선택한 후 드래그하여 끼워 넣고 입력 창에 "," 을 입력한다. 여기서 index가 1로 되어 있는데 이것은 분리한 후 온도값을 배열 1에 대입한다는 뜻이다. 이렇게 하여 TempValue에 대한 코딩은 완료되었다.

동일한 방법으로 HumidityValue에 대해 코딩 작업을 한다. 습도 데이터는 분리한 후에 배열 2에 대입하므로 Index 값은 2로 설정한다. 그림 9-18은 문자열 데이터를 받아서 처리하는 완성된 코딩 블록의 모습을 보여 준다.

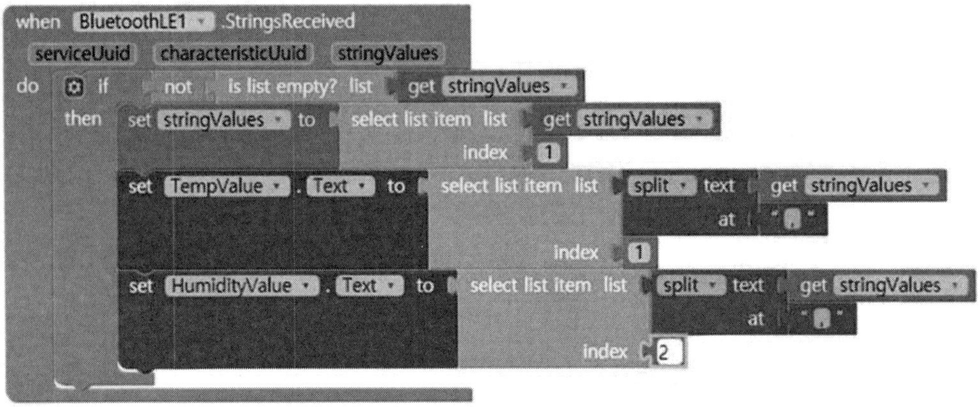

그림 9-18 Bluetooth 데이터 처리 블록 코딩 완료 화면

드디어 DHT11온습도 센서를 이용한 온습도 모니터링 앱에 대한 코팅 작업을 완료하였다.

혹시 빠진 코딩 블록이 있는지를 그림 9-19를 보면서 확인해보기 바란다. 이제 완성된 앱을 Build하여 MIT AI2 Companion으로 QR 코드를 스캔하여 스마트폰에 설치하고 앱을 실행해 소금쟁이 로봇을 구동시켜 보자. 그러면 여러분은 온도와 습도값이 스마트폰에 실시간으로 출력되는 것을 확인할 수 있을 것이다.

[블루투스를 연결하는 코딩 블록]

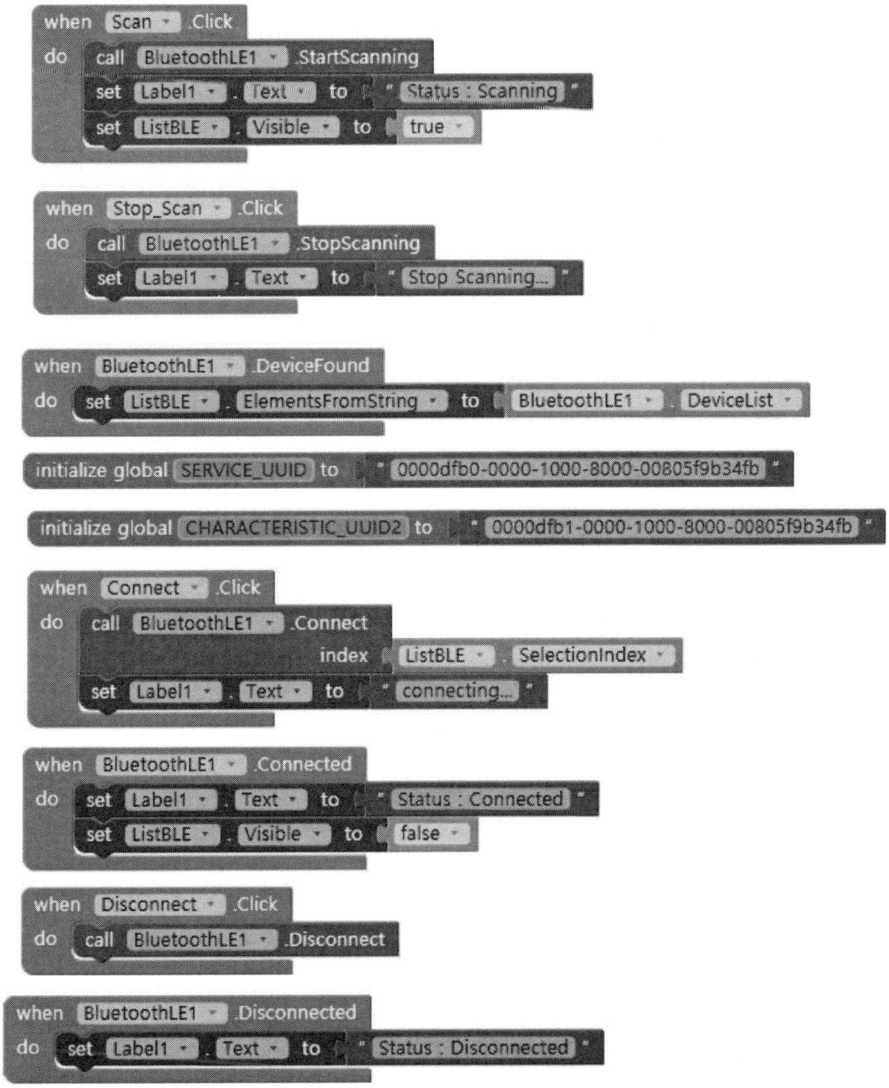

[소금쟁이 로봇의 움직임 제어 코딩 블록]

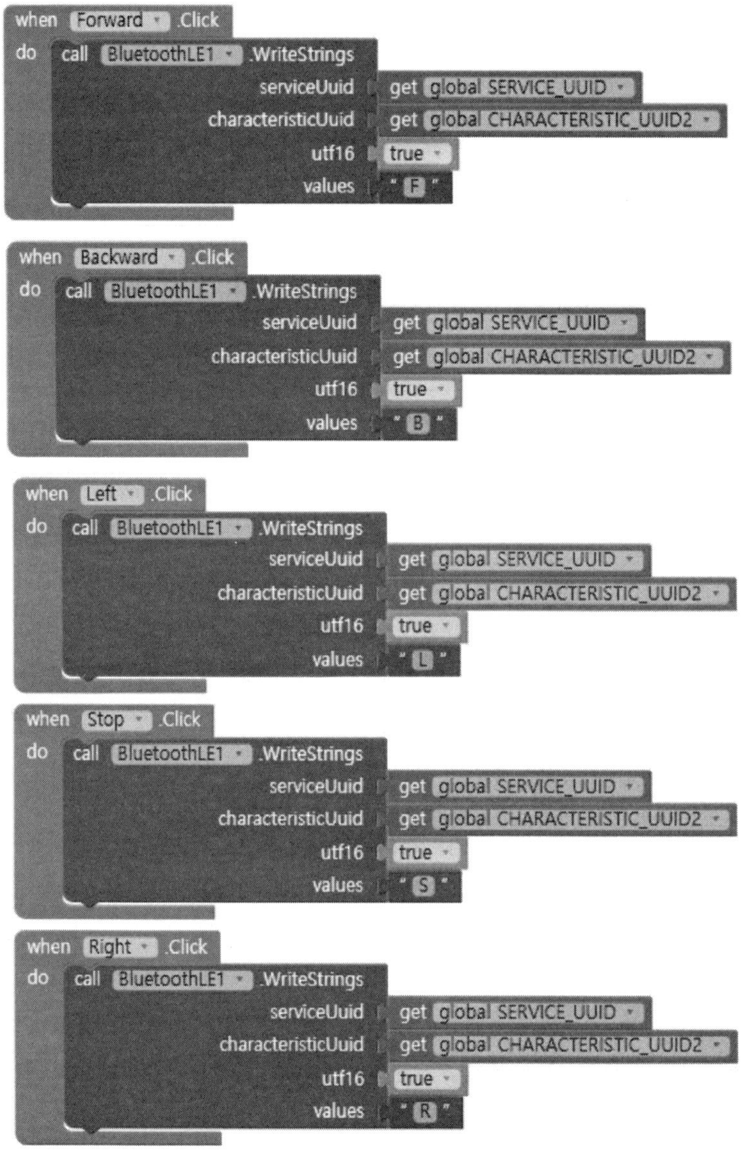

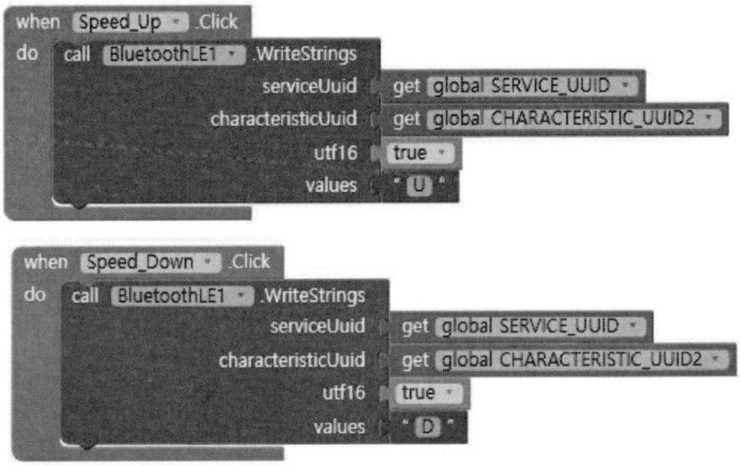

[온습도 측정 데이터 전송관련 코딩 블록]

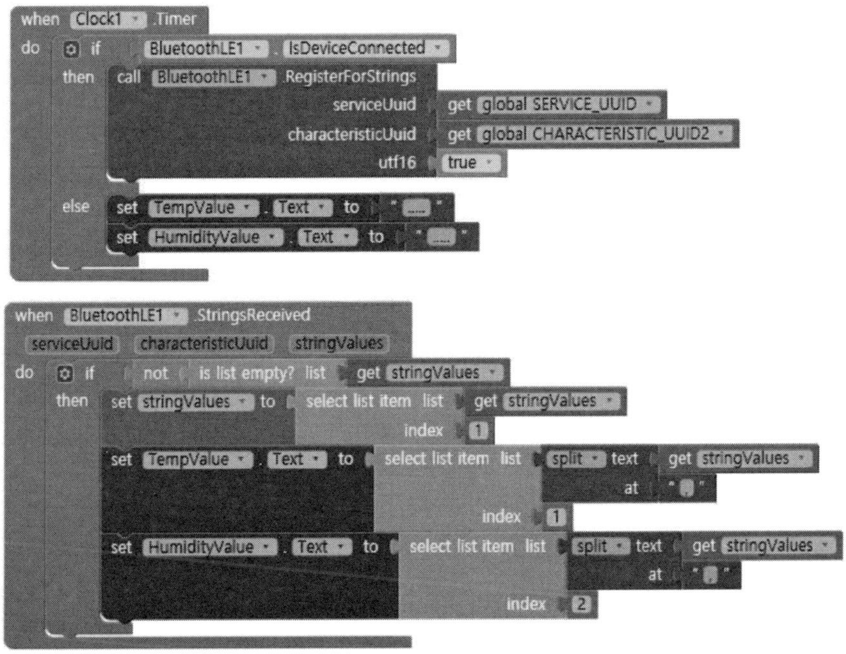

그림 9-19 스마트폰으로 소금쟁이 로봇의 구동 제어 및 온습도 데이터를 전송 받는 전체 코딩 블록